中国畜牧业协会
白羽肉鸭工作委员会 | 资助出版

肉鸭营养与饲料

杨琳　主编

ROUYA YINGYANG YU SILIAO

山东科学技术出版社
·济南·

图书在版编目（CIP）数据

肉鸭营养与饲料 / 杨琳主编 . —济南：山东科学技术出版社，2022.2（2023.10 重印）

ISBN 978-7-5723-1176-5

Ⅰ.①肉… Ⅱ.①杨… Ⅲ.①肉用鸭 – 饲养管理 Ⅳ.① S834

中国版本图书馆 CIP 数据核字（2022）第 024655 号

肉鸭营养与饲料
ROUYA YINGYANG YU SILIAO

责任编辑：张　波
装帧设计：侯　宇

主管单位：**山东出版传媒股份有限公司**
出 版 者：**山东科学技术出版社**
　　　　　地址：济南市市中区舜耕路 517 号
　　　　　邮编：250003　电话：（0531）82098088
　　　　　网址：www.lkj.com.cn
　　　　　电子邮件：sdkj@sdcbcm.com
发 行 者：**山东科学技术出版社**
　　　　　地址：济南市市中区舜耕路 517 号
　　　　　邮编：250003　电话：（0531）82098067
印 刷 者：**山东联志智能印刷有限公司**
　　　　　地址：山东省济南市历城区郭店街道相公庄村
　　　　　文化产业园 2 号厂房
　　　　　邮编：250100　电话：（0531）88812798

规格：大 32 开（140 mm×203 mm）
印张：6.5　字数：100 千
版次：2022 年 2 月第 1 版　印次：2023 年 10 月第 3 次印刷
定价：30.00 元

编 委 会

目录

一、肉鸭的营养 ·· 1

　　(一)水　分 ··· 2

　　(二)碳水化合物 ··· 4

　　(三)脂类与脂肪酸 ····································· 11

　　(四)蛋白质和氨基酸 ································· 18

　　(五)维生素 ··· 27

　　(六)矿物质 ··· 27

　　(七)能　量 ··· 38

二、营养需要与饲养标准 ··························· 42

　　(一)肉鸭营养需要与饲养标准 ·············· 42

　　(二)种鸭营养需要与饲养标准 ·············· 55

三、肉鸭饲料原料 ····································· 68

　　(一)能量饲料 ··· 69

（二）蛋白质补充饲料 …………………… 80

（三）青绿饲料 …………………………… 90

（四）青贮饲料 …………………………… 91

（五）粗饲料 ……………………………… 92

（六）常量矿物质饲料 …………………… 93

四、肉鸭饲料添加剂 …………………… 96

（一）饲料添加剂的分类及作用 ………… 96

（二）营养性饲料添加剂 ………………… 102

（三）非营养性饲料添加剂 ……………… 110

五、饲料卫生与质量控制 …………… 123

（一）抗营养因子与有毒有害物质 ……… 123

（二）质量监测与控制 …………………… 134

（三）常用饲料原料的质量标准 ………… 140

（四）饲料卫生标准 ……………………… 142

六、肉鸭配合饲料技术 …………… 156

（一）配合饲料的种类与用途 …………… 156

（二）配合饲料的配方设计 ……………… 159

（三）配合饲料生产与工艺 ……………… 172

（四）各阶段肉鸭配合饲料的特点 ……… 190

一、 肉鸭的营养

　　肉鸭为了维持正常的生命活动和生长，必须采食饲料，饲料为肉鸭提供各种营养物质。肉鸭是杂食动物，可以采食植物性饲料、动物性饲料、微生物饲料以及饲料添加剂获取营养物质。营养物质也称养分，分为碳水化合物、脂肪、蛋白质、矿物质、维生素、水分等六大类，以不同的含量存在于各种饲料和饲料添加剂当中。碳水化合物、脂类、蛋白质统称为三大有机营养物，都能为肉鸭生命活动提供所需的能量。

　　依据养分分析方案，饲料中的养分也可以分为以下六大类：水分、粗灰分、粗蛋白质、粗脂肪、粗纤维、无氮浸出物。其中粗蛋白质包含各种含氮的物质，如真蛋白质、氨基酸、其他非蛋白质形态的有机氮、胺类化合物、无机氮等。粗灰分包含各种矿物质，如常量

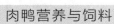

元素钙、磷、钠、钾、氯、硫，微量元素铁、锌、锰、铜、硒、碘、铬等。粗脂肪包括脂肪酸、脂肪、磷脂等各种可溶于乙醚的物质。无氮浸出物包括各种非含氮的有机物质，其中以各种糖类、淀粉等为主。粗纤维指各种纤维素、半纤维素、木质素等。

（一）水　分

饲料水分含量各异，高的可达95%以上，低的少于5%。饲料中的水分有的呈游离状态，称为游离水，可在65℃温度下挥发出来；有的与其他化学成分结合，称为结合水，需要在105℃温度下才能挥发出来。一般说来，水分含量越多的饲料干物质含量越少，其他营养物质浓度越低，为肉鸭提供的可利用有机营养物质、矿物质、维生素等也少。

水分本身也是营养物质，是肉鸭不可缺少的养分。水是肉鸭身体的结构物质，维持组织细胞具有一定的形态、硬度和弹性；调节体内热平衡，维持肉鸭正常体温；水在体内可与蛋白质、碳水化合物等结合，组成活性基团，增加细胞的弹性，避免寒冷情况下细胞破裂；水是体内理想的溶剂，很多化合物容易在水中溶解，以离子形式存在，参与调节体内电解质的代谢，并维持细胞质的胶体特性；水是体内的中间媒介，是胃肠道中转运半固体状食糜、血液、组织液、细胞及分泌物、排泄物等的载体，体内各种营养物质的吸收、转运和代谢废物的排出必须溶于水后才能进行；水是化学反应的介质，参与体内很多生物化学反应过程，如水解、水合、氧化还原、有机化合物的合成和细胞的呼吸过程等，肉鸭体内聚合和解聚合作用都伴有水的结合或释放；水是润滑剂和缓冲剂，体关节囊内、体腔内和各器官间的组织液中的水，可以减少关节和器官间的摩擦力，起到润滑作用。此外，水对神经系统如脑脊髓液具有保护性缓冲作用。

肉鸭获取水分有三条途径：饲料水、饮水、代谢水，其中饮水是主要的获取水分的方式。肉鸭每天需水量依据季节、温度、湿度等气候与通风状况，饲料含水量、生长日龄与生长性能、活动量等确定，应每天保证肉鸭有足够的饮水才能维持肉鸭的正常生长，应为肉鸭提供符合卫生标准的饮水。

肉鸭每天也会排出一定量的水分，如呼吸、皮肤蒸发、排泄粪尿等。因此，应注意肉鸭的水分平衡调节。集约化饲养条件下，可依据肉鸭采食量、环境条

肉鸭营养与饲料

件、食糜中干物质与水分比例来确定饮水供应量，饲粮与饮水的供应按1:1.5~1:3.0的比例即可，气温高时多供应、气温低时少供应。饮水温度不要过高或过低，以保障肠道健康和消化功能正常。

（二）碳水化合物

1. 碳水化合物的类型与作用

碳水化合物是由碳、氢、氧三种元素组成的多羟基的醛、酮或其简单衍生物以及能水解产生上述产物的化合物的总称，主要由碳、氢、氧三大元素遵循C:H:O为1:2:1的结构规律构成基本糖单位，是植物性饲料的主要组成成分。

碳水化合物种类繁多，结构复杂，包含单糖、低聚糖、多聚糖、糖类衍生物（如几丁质、甘油等）等。

（1）单糖：指最简单的碳水化合物，包括丙糖、丁糖、戊糖、己糖、庚糖及衍生糖，常见的是戊糖（五碳糖，如核糖、木糖、阿拉伯糖等）和己糖（六碳糖，如葡萄糖、果糖、半乳糖、甘露糖等）。对肉鸭来说，葡萄糖是直接吸收进入到体内提供能量的单糖，是供给代

4

谢活动快速应变需能的最有效物质，在肉鸭体内也可以转变成糖原和脂肪贮存，在饲料原料植物体内也可以纤维素、淀粉等化合态形式贮存。果糖供能与葡萄糖相同，但吸收、运载等营养生理过程有一定的差异。核糖是核酸的组成成分。甘露糖分布于体液和组织中，尤其是在神经、皮肤、睾丸、视网膜、肝和肠被利用合成糖蛋白，参与免疫调节，巨噬细胞表面有4种受体可以捕捉抗原，都有甘露糖成分。饲料来源的甘露糖吸收进入体内后大部分会经尿液排出体外。

（2）低聚糖：是指由2～10个单糖通过糖甙键组成的一类糖，如蔗糖、乳糖、麦芽糖、纤维二糖、棉籽糖、水苏糖、甘露寡糖等。蔗糖在各种果实、根茎类、蔬菜与树木汁液中均有不等含量；麦芽糖存在于发芽的谷物、麦芽中；乳糖存在于哺乳动物乳中；纤维二糖是纤维素、多糖和糖甙的组成成分；棉籽糖在棉籽中含量较高；水苏糖常见于多种植物的根茎和籽实中。含葡萄糖、果糖的低聚糖可在消化道内降解出葡萄糖为机体供应能量，果寡糖、甘露寡糖等可作为动物肠道内有益微生物如双歧杆菌、乳酸杆菌等的营养素，促进消化道有益菌株的增殖，胃肠道中的致病菌与之结合，不能在肠壁表面定植，就会随食糜一道排出体外，保

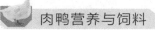

护动物免遭侵害。

原料或成品中单糖或还原性糖的羰基，在加热或长期贮藏过程中易与氨基酸或胺发生缩合反应（羰氨反应），并产生黑褐色素，此反应被称为"褐变反应"或"美拉德反应"。这会降低赖氨酸等氨基酸的有效利用率，使整个饲料营养价值下降。

饲料中天然寡糖棉籽糖系列（棉籽糖、水苏糖、毛蕊草糖）如果量过高，引起发酵产气过多，可能导致肠胃胀气。同时，发酵产物也影响肠黏膜与血浆间的渗透压。肉鸭饲喂含高水平大豆或豆粕的饲粮时，容易消化不良或拉稀粪。

（3）多糖：是由10个糖单位以上单糖分子经脱水、缩合而成，是一类结构复杂的高分子化合物。多糖广泛分布于植物和微生物体内，动物体内也有少量分布（主要为糖原）。多糖可分为营养性多糖（贮存性多糖）和结构多糖，如淀粉、菊糖、糖原等属营养性多糖，其余多糖属结构多糖。多糖一般不溶于水，只有水解或发酵后才能被动物吸收利用。

淀粉是由D-葡萄糖组成的一种多糖，以微粒形式大量存在于植物种子、块茎及干果实中，玉米、高粱、小麦、稻米等谷实中含量高，一般可达60%~70%；甘薯、木薯、马铃薯中含量25%～30%。肉鸭采食饲料后，饲料中的淀粉便会在淀粉酶的作用下，降解为糊精，再变为麦芽糖，最终以葡萄糖的形式被吸收利用。糊精是嗜酸菌的良好培养基，在消化道内可供肠道微生物合成 B 族维生素。

非淀粉多糖（NSP）是植物的结构多糖的总称，是植物细胞壁的主要成分，由纤维素、半纤维素、果胶和抗性淀粉（如阿拉伯木聚糖、β– 葡聚糖、甘露聚糖、葡甘聚糖）等组成。纤维素属于不溶性 NSP，其余的属于可溶性 NSP。大麦中的可溶性 NSP 主要是 β– 葡聚糖和阿拉伯木聚糖，鸭消化道内缺乏相应的内源酶，不能将其直接消化。消化道内共生的细菌、真菌分泌的纤维素酶或饲料添加纤维素酶可降解纤维素。为了提高纤维素、半纤维素的消化性，一般通过添加 β– 葡聚糖酶、纤维素酶等提高饲料的利用率。

果胶属胶状多糖类，是细胞壁成分之一，广泛存在于各种高等植物细胞壁和相邻细胞之间的中胶层中，具黏着细胞和运送水分的功能。果胶有利于肠道健康和降低血中胆固醇水平，果胶与胆汁结合，可抑制胆汁在小肠的吸收，从而使血脂下降。饲料中添加果胶酶，可降解果胶，为鸭提供部分能源，提高饲料能量利用率。

结合糖是指糖与非糖物质的结合物，如糖蛋白、糖脂、杂多糖等。常见的是与蛋白质结合，统称为糖蛋白，糖蛋白种类繁多，在体内物质运输、血液凝固、生物催化、润滑保护、结构支持、黏着细胞、降低冰点、卵子受精、免疫和激素发挥活性等方面发挥极其重要的作用。

2.碳水化合物的消化、吸收与代谢

肉鸭消化碳水化合物主要是通过淀粉酶将淀粉、糊精等降解为葡萄糖吸收，其他寡糖和多糖类则在肠道微生物或外源酶作用下降解。十二指肠是碳水化合物消化吸收的主要部位，饲料在十二指肠与胰液、肠液、胆汁混合，其中 α- 淀粉酶将淀粉分解成麦芽糖和糊精、低聚 α-1，6- 糖苷酶分解淀粉和糊精中 α-1，6- 糖苷键。这样，饲料中营养性多糖基本上都分解成了二糖，然后由肠黏膜产生的二糖酶——麦芽糖酶、蔗糖酶、乳糖酶等彻底分解成单糖被吸收。小肠吸收的单糖主要是葡萄糖和少量的果糖和半乳糖。

来自植物饲料中的单糖除了葡萄糖外，还有果糖、半乳糖、甘露糖和一些木糖、核糖等。它们必须通过适当变换才能进一步代谢，或从一种单糖转变成另一种单糖以满足代谢需要。

葡萄糖进入细胞后，分解途径有三条：75%～90%的葡萄糖在细胞液中无氧酵解转化成丙酮酸，进一步转化成乳酸，1 mol 葡萄糖经无氧酵解可生成6～8 mol三磷酸腺苷（ATP）供应能量。糖酵解的尾产品在有氧存在条件下，进入线粒体经三羧酸循环彻底氧化。1 mol 葡萄糖经有氧氧化可净生成36～38 mol ATP。葡萄糖分解的第三条途径是经磷酸戊糖循环，为长链脂肪酸的合成提供还原型辅酶Ⅱ（NADPH）。由1 mol葡萄糖经磷酸戊糖循环可得到12 mol NADPH。此外，代谢过程中产生的 5- 磷酸核糖或 1- 磷酸核糖供给细胞核糖。

多余的葡萄糖用于合成糖原和脂肪酸。鸭体内周转代谢的葡萄糖，35%～65% 完全氧化成 H_2O 和 CO_2，其余均转变成其他化合物。神经系统对来源于血中的葡萄糖可 70%～100% 氧化，脂肪组织中葡萄糖氧化率低。

3. 日粮纤维的利用

纤维是不能被肉鸭自身所分泌的消化酶消化的饲

粮成分，包括纤维素、半纤维素、果胶物质、木质素等。肉鸭利用纤维很大程度上是通过肠道内微生物酶的分解产物或微生物的代谢产物。植物饲料细胞壁越成熟，木质化程度越高，越不易被微生物消化。

饲粮纤维水平增高，会加快食糜在消化道中的流通速度，从而降低动物对其他营养物质和活性物质的消化吸收率，降低饲粮可利用能值，并增加动物消化道内源蛋白质、脂肪和矿物质、活性物质的损失等。

饲粮不溶性纤维可刺激胃液、胆汁、胰液分泌。果胶物质及可溶性纤维，如 β- 葡聚糖，可使胆固醇随粪的排出增加，降低胆固醇的肠肝再循环，有效地降低血清胆固醇水平，可溶性纤维则无此效应。

饲粮纤维可吸附饲料和消化道中产生的某些有害物质，使其排出体外。适量的饲粮纤维在盲肠发酵，可降低肠内容物的 pH，抑制大肠杆菌等病原菌的生长。

肉鸭配合饲料中粗纤维水平维持在 2.5% ~ 5% 范围，白羽快大肉鸭在 2% ~ 4%，番鸭、半番鸭和肉用麻鸭随饲养日龄增加应相应增加粗纤维的比例，种鸭维持在 3% ~ 6%。

（三）脂类与脂肪酸

脂类是一类不溶于水，但溶于乙醚、苯、氯仿等有机溶剂的物质，是肉鸭饲料中重要的能量供应物质，同时也是体内重要的结构和功能物质，脂类对鸭具有很多生物学作用。

1. 脂类的主要性质

脂类在存放过程中可发生一系列变化，这些变化会影响到脂类的营养价值。

在稀酸、强碱溶液中以及在微生物产生的脂酶作用下，脂类可分解成基本结构单位脂肪酸，这类水解对脂类营养价值没有影响，但水解产生的某些脂肪酸有特殊异味或酸败味，可能影响饲料的适口性。

在有氧条件和微生物作用下，脂类容易发生氧化酸败，氧化酸败会降低脂类营养价值并产生不良异味。有氧条件下脂类会自动氧化，这是一种由自由基激发的氧化，是一个自身催化加速进行的过程。有微生物存在时，微生物会生成脂氧化酶，存在于植物饲料中的脂氧化酶或微生物产生的脂氧化酶最容易使不饱和

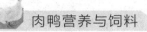

脂肪酸氧化。催化的反应与自动氧化一样生成过氧化物，过氧化物对肉鸭具有毒害作用，破坏细胞膜和上皮组织。

脂类中不饱和脂肪酸含有的双键在催化剂或酶作用下发生氢化反应，转化成饱和脂肪酸，使脂肪硬度增加，不易氧化酸败，有利于贮存，但也损失必需脂肪酸。

2. 脂类的营养生理作用

脂类是鸭体内重要的能源物质，在体内代谢过程中产生能量，供体内利用，脂肪的有效能量比碳水化合物和蛋白质高。肉鸭饲粮添加脂肪替代等能值的碳水化合物和蛋白质，可提高饲粮代谢能，使消化过程中能量消耗减少，热增耗降低，饲粮的净能增加。肉鸭摄入的能量超过需要量时，多余的能量则主要以脂肪的形式贮存在体内。

除简单脂类参与体组织的构成外，大多数脂类，特别是磷脂和糖脂是细胞膜的重要组成成分。糖脂可能在细胞膜传递信息的活动中起着载体和受体作用。

脂类可促进脂溶性维生素 A、K、E、D 和类胡萝卜素的吸收，饲料中脂溶性维生素需要在有脂肪存在的情况下才能溶解。

鸭尾脂腺中的脂有利于羽毛抗湿,维持羽毛的光亮并能防止冬天由于水温过低而生病。沉积于皮下的脂肪具有良好绝热作用,在冷环境中可防止体热散失过快。

脂类是代谢水的重要来源,每克脂肪氧化比碳水化合物多生产水67%~83%,比蛋白质产生的水多1.5倍左右。

磷脂分子中既含有亲水的磷酸基团,又含有疏水的脂肪酸链,因而具有乳化剂特性,可促进消化道内形成适宜的油水乳化环境,并对血液中脂质的运输以及营养物质的跨膜转运等发挥重要作用。

不饱和油脂是鸭必需脂肪酸的主要来源,可用于维持细胞膜结构的完整性和抗氧化。

3. 脂类的消化吸收及转运

脂类是非极性的,不能与水混溶,在消化道内先形成能溶于水的乳糜微粒,才能通过小肠微绒毛将其吸收。

(1)脂类的消化吸收:饲粮脂类进入十二指肠后与大量胰液和胆汁混合,胆汁可激活胰脂酶和乳化脂类。

在肠蠕动影响下，脂类乳化便于与胰脂酶在油—水交界面上充分接触。在胰脂酶作用下甘油三酯水解产生甘油一酯和游离脂肪酸，磷脂由磷脂酶水解成溶血性卵磷脂，胆固醇酯由胆固醇酯水解酶水解成胆固醇和脂肪酸。甘油一酯、脂肪酸和胆酸均具有极性和非极性基团，三者可聚合在一起形成水溶性的混合乳糜微粒，乳糜微粒可携带脂类的消化产物到达小肠黏膜细胞。当混合乳糜微粒与肠绒毛膜接触时即破裂，所释放出的脂类水解产物主要在十二指肠和空肠上段被吸收。脂类水解产物进入吸收细胞是一个不耗能的被动转运过程，但进入吸收细胞后，重新合成脂肪则需要能量。实际上从肠道吸收脂肪的过程也消耗了能量，只有短链或中等链长的脂肪酸吸收后直接经门静脉血转运而不耗能。

脂肪酸的吸收速度与碳链长度呈负相关，碳链越短越易被消化吸收。中短链脂肪酸可通过门静脉直接被输送到肝脏，在细胞中不需要载体，很快释放能量；长链脂肪酸在肠内需要经过水解、重组，再与蛋白质、磷脂相结合，形成乳糜微粒，然后通过肠壁被吸收。

不饱和脂肪酸由于双键的存在，更容易形成微胶粒，从而被吸收。脂肪中饱和脂肪酸和不饱和脂肪酸

的最佳比例幼禽为 $1:2 \sim 1:2.2$，产蛋禽为 $1:1.4 \sim 1:1.5$。在这种情况下，不仅脂肪的能量价值提高，而且提供的亚油酸也增加。

此外，工艺处理对脂肪的消化吸收也有促进作用。通过均质化、微粒化处理，降低脂肪颗粒的大小，可以增加脂肪与脂肪酶的接触面积，从而改善脂肪的吸收利用率。

（2）脂类的转运：脂类主要以脂蛋白的形式在血液中转运。根据密度、组成和电泳迁移速率将脂蛋白分为四类：乳糜微粒、极低密度脂蛋白（VLDL）、低密度脂蛋白（LDL）和高密度脂蛋白（HDL）。VLDL、LDL和 HDL 既可在小肠黏膜细胞合成，也可在肝脏合成。禽类淋巴系统发育不健全，所有脂类基本上都是经门静脉血液转运。血中脂类转运到脂肪组织、肌肉、乳腺等毛细血管后，游离脂肪酸通过被动扩散进入细胞内，甘油三酯经毛细血管壁的酶分解成游离脂肪酸后再被吸收，未被吸收的物质经血液循环到达肝脏进行代谢。

4. 脂类在体内的代谢

脂类在体内代谢有合成代谢和分解代谢，在饲粮脂类和能量供给充足情况下，脂肪组织和肌肉组织都以甘油三酯的合成代谢为主，饥饿条件下则以氧化分解代谢为主。

鸭消化道吸收的脂肪酸是合成脂肪的原料，鸭合成脂肪的另一类底物是进入糖酵解循环最终转化为丙酮酸的葡萄糖。在食物充足时，大量的草酰乙酸和丙酮酸被转化为用于脂肪合成的乙酰 CoA。乙酰 CoA 不能透过线粒体膜，而柠檬酸则能通过。因此，乙酰 CoA 与草酰乙酸缩合成柠檬酸进入细胞质，在此草酰乙酸被脱去，剩下能用于脂肪合成的乙酰 CoA。草酰乙酸则转化为苹果酸，再转化为丙酮酸，返回三羧循环。

体内脂肪全部在肝中合成，过量则沉积于肝中，产生脂肪肝症。

转运到肌肉细胞中的脂肪主要是氧化供能。细胞内营养素氧化代谢的总耗氧量，脂肪占 60%。肌肉组织中沉积的脂肪可直接通过局部循环进入肌肉细胞进行氧化代谢，使脂肪表现出高的能量利用效率。饲粮和内源代谢供给的脂肪酸，肌细胞都能氧化利用。长链脂肪酸只在葡萄糖供能不足情况下才能发挥供能作用。进入肾脏的脂肪酸也主要用于氧化供能。心肌氧

化 β– 羟基丁酸供能比氧化脂肪酸供能更有效。

　　饲料粗脂肪表观消化率高达 95% 以上。各种油脂中,脂肪酸含量占甘油三酯全分子量的 94%~96%,因此饲料油脂脂肪酸组成的不同决定着能值的不同。一般而言,脂肪酸链越长,能值越高,反之能值越低。除碳链长短影响脂肪的能值外,游离脂肪酸的多少也对脂肪能值大小有一定的影响。相同油脂,游离脂肪酸越高,能值越低。主要原因是在油脂中甘油部分的缺失,甘油的能值虽然低于脂肪酸,但仍然是油脂能值的重要组成部分。

　　配方计算中也会考虑饲料原料中含有部分脂肪,但相对于添加的油脂而言,这部分的油脂利用率较低。主要原因在于这部分的油脂是被细胞壁(膜)包裹的,需要破壁(膜)后才可以被动物肠道脂肪酶分解,释放能量。

5. 必需脂肪酸及脂肪酸平衡

　　有些脂肪酸鸭体内不能合成,但对肉鸭具有重要的生物学作用。凡是体内不能合成的,必须由饲粮供给,或能通过体内特定先体物形成,对机体正常机能和健康具有重要作用的脂肪酸称为必需脂肪酸(EFA)。

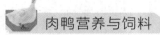

必需脂肪酸包括亚油酸、亚麻酸和花生四烯酸等，是多不饱和脂肪酸，但并非所有多不饱和脂肪酸都是必需脂肪酸。饲粮中缺乏 EFA，影响磷脂代谢，造成膜结构异常，通透性改变，膜中脂蛋白质的形成和脂肪的转运受阻。肉鸭皮肤损害，体内水分经皮肤损失增加，毛细管变得脆弱，免疫力下降，生长受阻，产蛋减少，甚至死亡。

EFA 是细胞膜、线粒体膜和质膜等生物膜脂质的主要成分，在绝大多数膜的特性中起关键作用，也参与磷脂的合成。磷脂中脂肪酸的浓度、链长和不饱和程度在很大程度上决定着细胞膜流动性、柔软性等物理特性，这些物理特性又影响生物膜发挥其结构功能的作用。

（四）蛋白质和氨基酸

蛋白质是鸭体、组织器官及细胞的重要组成成分，在生命过程中起着重要的作用，体内大部分代谢反应与蛋白质有关。蛋白质由氨基酸组成，鸭在组织器官的生长和更新过程中，必须从饲料中不断获取蛋白质。

饲料中所有含氮物质统称为粗蛋白质（CP），它又包括真（纯）蛋白质与非蛋白含氮物（NPN）。氨基酸是组成真蛋白质的基本单位，主要由 C、H、O、N 4 种元素组成（约占 98%），同时还有少量的 S、P、Fe 等元素。非蛋白含氮物又包括游离氨基酸、铵盐、肽类、酰胺、硝酸盐等。

真蛋白质的主要组成元素是碳、氢、氧、氮，大多数的蛋白质还含有硫，少数含有磷、铁、铜和碘等元素。各种蛋白质的含氮量虽不完全相等，但差异不大。一般蛋白质的含氮量按 16% 计。动物组织和饲料中真蛋白质含氮量的测定比较困难，通常只测定其中的总含氮量，总含氮量乘上 6.25 就是粗蛋白质含量（饲料 CP 含量 =6.25× 饲料含氮量）。

蛋白质是氨基酸的聚合物。由于构成蛋白质的氨基酸的数量、种类和排列顺序不同而形成了各种各样的蛋白质，蛋白质的营养实际上是氨基酸的营养。

1. 蛋白质的性质

蛋白质在酶、酸、碱等条件下发生水解，生成朊、多肽、氨基酸等。有些蛋白质对动物消化酶有很强的抗性，如硬蛋白，但在高温高压或酸性溶液的条件下可发生水解。如利用这一原理生产水解羽毛粉。

蛋白质凭借游离的氨基和羧基而具有两性特征，在等电点易生成沉淀。不同的蛋白质等电点不同，该特性常用作蛋白质的分离提纯。生成的沉淀按有机结构和化学性质，通过 pH 的细微变化可复溶。蛋白质的两性特征使其成为很好的缓冲剂，并且由于分子量大和离解度低，在维持蛋白质溶液形成的渗透压中也起着重要作用。这种缓冲和渗透作用对于维持内环境的稳定和平衡具有非常重要的意义。

在某些因素的作用下，蛋白质会变性。所谓蛋白质变性，是指任何非水解蛋白质作用造成天然蛋白质独特结构的改变所引起的蛋白质化学性质、物理性质和生物学活性上的固定变化，如加热作用使许多蛋白质发生凝固。除了加热以外，还有许多能引起蛋白质变性的试剂，包括强酸、碱、乙醇、丙酮、脲以及重金属盐类。

天然存在的氨基酸有 200 余种，常见的组成蛋白质的氨基酸仅 20 种（编码氨基酸）。20 种氨基酸的不同点在于侧链的 R 基团。

植物能合成自己全部的氨基酸，动物蛋白虽然含有与植物蛋白同样的氨基酸，但动物不能全部自己合成。

氨基酸有 L 型和 D 型两种构型。除蛋氨酸外，L 型的氨基酸生物学效价比 D 型高，而且大多数 D 型氨基酸不能被利用或利用率很低。天然饲料中仅含易被利用的 L 型氨基酸。微生物能合成 L 型和 D 型两种氨基酸。化学合成的氨基酸多为 D、L 型混合物。

2. 蛋白质的营养作用与消化吸收

蛋白质对鸭具有重要的营养作用。动物所有的组织器官和产品都以蛋白质为主要成分，如肌肉、神经、结缔组织、腺体、精液、皮肤、血液、蛋、羽毛、喙等，起着传导、运输、支持、保护、连接、运动等多种功能。肌肉、肝、脾等组织器官的干物质含蛋白质 80% 以上。

在鸭的生命和代谢活动中起催化作用的酶、某些起调节作用的激素、具有免疫和防御机能的抗体（免疫球蛋白）都是以蛋白质为主要成分。蛋白质对维持体内的渗透压和水分的正常分布也起着重要的作用。在体内的新陈代谢过程中，组织和器官的蛋白质的更新、损伤组织的修补都需要蛋白质。

在机体能量供应不足时，蛋白质可分解供应能量，维持机体的代谢活动。当摄入蛋白质过多或氨基酸不平衡时，多余的部分也可能转化成糖、脂肪或分解

产热。

鸭的种类和年龄、饲料组成及抗营养因子、饲料加工贮存中的热损害等均是影响蛋白质消化吸收的因素。

饲粮中的营养组成如纤维水平、某些添加剂的使用等均影响蛋白质的消化吸收。一些饲料，尤其是未经处理或热处理不够的大豆及其饼粕和其他豆科籽实，含有多种蛋白酶抑制因子，其中最主要的是胰蛋白酶抑制剂。胰蛋白酶抑制剂能降低胰蛋白酶的活性，从而降低蛋白质的消化率。对大豆等饲料进行适当的热处理，能消除其中的抗营养因子，也能使蛋白质初步变性，有利于消化吸收。但温度过高或时间过长，会产生美拉德反应(Maillard反应)，这个反应是指肽链上的某些游离氨基(如赖氨酸的 ε-氨基)与还原糖(葡萄糖、乳糖)的醛基发生反应，生成一种棕褐色的氨基-糖复合物，使胰蛋白酶不能切断与还原糖结合的氨基酸相应肽键，导致赖氨酸等不能被动物消化吸收。

3. 蛋白质的代谢

经肠道吸收的氨基酸由氨基酸转运载体转运到体

内各个组织器官，在体内可用于蛋白质的合成，包括体蛋白和产品蛋白分解供能或转化为其他物质。在氨基酸的代谢中主要有转氨基、脱氨基及脱羧基反应。参与转氨基反应的酶主要有谷氨酸转氨酶、α–酮戊二酸转氨酶、谷氨酸丙酮酸转氨酶 (GDT) 和谷氨酸草酰乙酸转氨酶 (GOT)；参与脱氨基反应的主要是 L–谷氨酸脱氢酶；氨基酸脱羧酶也有多种，且大多数氨基酸脱羧酶的辅酶是磷酸吡哆醛。通过上述代谢反应使氨基酸转变成酮酸、氨、胺化物和非必需氨基酸。酮酸可用于合成葡萄糖和脂肪，也可进入三羧酸循环氧化供能。氨可在肝脏中形成尿酸。胺则可用于核蛋白体、激素及辅酶的合成。

肠道吸收的氨基酸，有一半左右是进入肠道的内源物含氮物质的消化产物。吸收的氨基酸、体蛋白质降解和体内合成的氨基酸均可用于蛋白质的合成。体内的氨基酸库汇合了来自各方面的氨基酸，氨基酸不断地进入，也不断输出。

蛋白质的合成代谢是一系列十分复杂的过程，几乎涉及细胞内所有种类的 RNA 和几十种蛋白因子。蛋白质合成的场所在核糖体内，合成的基本原料为氨基酸，合成反应所需的能量由 ATP 和 GTP 提供。

蛋白质、氨基酸在体内的贮存是很有限的，且主要在肝脏。肝脏蛋白质含量随进食而增加，在短时间内可贮存食入蛋白质总量的50%，但这个量也只占构成机体蛋白质总量的5%左右。因此，过量蛋白质只能转化为碳水化合物和脂肪，或分解产热。饲喂氨基酸不平衡的饲粮，在24 h以后补给所缺氨基酸，已不能发挥其互补作用，也不能提高饲粮蛋白质的利用率。

　　蛋白质的贮存还有一些特殊情况，如强力工作，肌肉的增多、妊娠期和康复期内贮存蛋白质的增加。在合成机体组织新的蛋白质的同时，老组织的蛋白质也在不断更新，使动物能很好地适应内外环境的变化。被更新的组织蛋白质降解成氨基酸进入机体氨基酸代谢库，相当一部分又可重新用于合成蛋白质，只有少部分转化为其他物质。这种老组织不断更新，被更新的组织蛋白质降解为氨基酸，又重新用于合成组织蛋白质的过程称为蛋白质的周转代谢。据测定，每天机体合成的蛋白质总量远远超过消化吸收的饲粮蛋白，为吸收蛋白的5~10倍。蛋白质周转受年龄的影响，随着年龄的增长，单位体重蛋白质的周转率降低。机体每日被更新的蛋白质占总合成量的60%。

4. 必需、非必需、半必需及限制性氨基酸

必需氨基酸是指动物自身不能合成或合成的量不能满足动物的需要，必须由饲粮提供的氨基酸。肉鸭的必需氨基酸一般有 10 种：赖氨酸、蛋氨酸、色氨酸、苯丙氨酸、苏氨酸、缬氨酸、亮氨酸、异亮氨酸、精氨酸、组氨酸。雏鸭还需要甘氨酸、胱氨酸和酪氨酸，雏鸭共有 13 种必需氨基酸。其他氨基酸为非必需氨基酸，在饲粮中含量充足，体内也能合成，完全可以满足需要，并不是指动物在生长和维持生命的过程中不需要这些氨基酸。实际情况下，动物饲粮（纯合氨基酸饲粮除外）在提供必需氨基酸的同时，也提供了大量的非必需氨基酸，不足的部分才由体内合成，但一般都能满足需要。

半必需氨基酸是指在一定条件下能代替或节省部分必需氨基酸的氨基酸。半胱氨酸或胱氨酸、酪氨酸以及丝氨酸，在体内可分别由蛋氨酸、苯丙氨酸和甘氨酸转化而来，但鸭对蛋氨酸和苯丙氨酸的特定需要却不能由半胱氨酸或胱氨酸及酪氨酸满足，营养学上把这几种氨基酸称作半必需氨基酸。

限制性氨基酸是指一定饲料或饲粮所含必需氨基

酸的量与动物所需的蛋白质必需氨基酸的量相比，比值偏低的氨基酸。由于这些氨基酸的不足，限制了动物对其他必需和非必需氨基酸的利用。其中比值最低的称第一限制性氨基酸，依次为第二、第三、第四……限制性氨基酸。

在生产实践中，饲料或饲粮限制性氨基酸的顺序可指导饲粮氨基酸的平衡和合成氨基酸的添加。常用谷实类及其他植物性饲料，对于鸭而言，蛋氨酸一般为第一限制性氨基酸。

5. 理想蛋白质

饲料中的蛋白质由于氨基酸的组成和比例不一样，营养价值千差万别。如果某种蛋白质中的所有氨基酸利用率为 100%，则把该种蛋白质视作理想蛋白质。所谓理想蛋白质，是指这种蛋白质的氨基酸在组成和比例上与动物所需蛋白质的氨基酸的组成和比例一致，包括必需氨基酸之间以及必需氨基酸和非必需氨基酸之间的组成和比例。

理想蛋白质实质是将机体所需蛋白质氨基酸的组成和比例作为评定饲料蛋白质质量的标准，并用于评定动物对蛋白质和氨基酸的需要。

（五）维生素

维生素是一类维持肉鸭机体正常生长、繁殖、生产所需的微量低分子有机化合物，通常情况下，肉鸭本身不能合成或者合成数量不能满足自身需要，必须由饲粮提供或者提供其先体物。维生素主要作为辅酶和催化剂参与机体代谢，维持机体的健康和各种生产活动。维生素缺乏时可引起机体代谢紊乱，影响肉鸭的生长发育以及繁殖性能，严重时可出现一系列缺乏症，甚至引起肉鸭死亡。

维生素按溶解性分为脂溶性和水溶性两类。脂溶性维生素包括维生素 A、维生素 D、维生素 E 和维生素 K，水溶性维生素包括维生素 B_1、核黄素、泛酸、胆碱、烟酸、维生素 B_6、生物素、叶酸、维生素 B_{12} 和维生素 C 等。

（六）矿物质

矿物质是肉鸭必需的重要营养元素之一，对保证肉鸭健康生长、繁殖和生产都是必不可少的。矿物质

肉鸭营养与饲料

在动物机体内发挥各种各样的生理功能，它们或是某些组织的结构成分，或作为酶和转录因子的辅助因子参与调节生理活动，增强对其他营养元素的吸收和利用。目前，已证明必需的矿物质元素有19种，通常把体内含量在0.01%以上的矿物质元素称为常量元素，主要有钙、磷、钠、氯、钾、镁、硫；体内含量小于0.01%的称为微量元素，主要有铁、铜、锰、锌、钴、铬、硒、碘、镍、氟等。

饲料或饮用水中矿物元素的含量对肉鸭的健康和生产都有巨大的影响。矿物元素摄入不足和过量，会导致肉鸭出现各种各样的缺乏症或中毒现象，降低肉鸭生长速度，甚至导致肉鸭死亡。

1. 常量元素

钙和磷：是肉鸭必需的常量矿物质元素。钙、磷的主要吸收部位为十二指肠。饲料中的钙进入肠道后，在维生素 D_3 刺激下与蛋白质结合形成钙结合蛋白被转运至肠细胞内，另外少量通过螯合或游离形式被吸收。当浓度较高时，磷的吸收以易化扩散为主，当浓度较低时，磷的吸收转为主动吸收。钙、磷的吸收受多方面因素的影响，首先钙、磷的溶解度对其吸收率有决定性影响，其次钙、磷之间的比例会影响它们的吸收，最后钙、磷与其他物质的相互作用对它们的吸收也影响较大。

鸭体内的钙、磷主要存在于骨和血液中，受甲状旁腺素、降钙素和活性维生素 D_3 等激素的调控。

钙是骨组织和牙齿的重要组成成分，起支持保护作用；钙可以控制神经递质的释放，维持神经系统正常兴奋性；钙是肌肉收缩的激活剂，骨骼肌、心肌和平滑肌的收缩都依赖钙离子；激活多种酶的活性；通过降低毛细血管的通透性发挥消炎和抗过敏作用；促进胰岛素、儿茶酚胺、肾上腺皮质激素和唾液等的分泌。

磷是骨组织和牙齿的主要成分，与钙一起保持骨骼和牙齿的完整；磷是磷脂的组成成分，参与维持细胞膜完整性；是 ATP 和磷酸肌酸的组成成分，参与体内能量代谢；磷是核糖核酸、脱氧核苷酸和酶的组成成分，对蛋白质合成和繁殖有重要作用。

钙、磷的缺乏会引起食欲下降、生长发育迟缓、异食癖、骨骼发育异常、跛行等。肉鸭对钙、磷有一定的耐受力，一般情况下，由于过量直接造成中毒的现象罕见，但是高钙、高磷会影响对其他微量元素的吸收，影响生产。

钠和氯：分别是生物体细胞外主要的阳离子和阴离子，吸收部位是十二指肠，其次是胃、小肠后段和结肠。一般情况下，钠主要与糖和氨基酸的主动转运相耦联进行。钠也能和氯一样，通过简单扩散吸收。

在动物体内，钠和氯主要作为电解质维持细胞外液渗透压平衡，调节酸碱平衡和水的代谢。钠参与神经组织冲动的传递和调节营养物质的吸收。氯还参与胃酸的形成。

饲料如果缺乏氯化钠，会导致家禽体内电解质缺乏，出现生长发育迟缓、骨骼和角膜角质软化、饲料中蛋白质和能量吸收和利用下降、产蛋下降和异食癖等症状。一般情况下，肉鸭可以自身调节钠的摄入，在供水充足的情况下，食盐任食亦不会有害。

镁：是动物体内重要的阳离子，在消化道中主要以两种形式吸收，一是离子扩散，二是以螯合物或者与蛋白质形成络合物的形式经易化扩散。镁的吸收受肉鸭日龄、饲料组成、镁的存在形式等因素的影响。

镁是骨骼和牙齿的组成成分；是多种酶的辅助因子，参与激活；参与 DNA、RNA 和蛋白质的合成；调节神经肌肉的兴奋性；抗氧化应激作用。

镁缺乏会引起雏禽生长发育停滞、精神沉郁、肌肉颤抖、惊厥等，成年禽则表现为肌肉震颤、减蛋、蛋壳变薄和骨质疏松等。关于镁中毒的研究鲜见报道，一般认为，日粮镁过量主要影响磷的吸收和利用。

钾：是畜禽体内第三丰富的矿物元素，也是肌肉中最丰富的矿物元素。钾主要在小肠中以易化扩散的形式被吸收。

钾是一价离子，参与维持电解质平衡、酸碱平衡和水分平衡，调节神经肌肉的功能，激活酶的代谢功能，并作为钠钾泵的一部分发挥生理作用。日粮中的钾和日粮中的钠和氯是相互作用的。在饲料中添加一定量的钾可缓解热应激对家禽死亡率和生产性能的影响。

常规日粮中的钾较为充足，可满足肉鸭各阶段的需要量。但是在应激状态下，可能引起家禽缺钾情况，表现为生长受阻、食欲不振、运动失调、神经紊乱等现象。在饮水充足的情况下，肉鸭对钾的耐受量较高，不容易引起中毒现象。日粮中钾过量会减缓生长速度、降低镁的吸收率、增加水的摄入量和排出量。

硫：是生命所必需的非金属元素。硫的吸收主要是以含硫氨基酸的形式在小肠转运吸收，无机硫则是在回肠以易化扩散的方式被吸收。

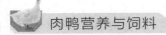

硫作为含硫氨基酸的组成成分，在蛋白质结构中有举足轻重的作用：硫基是酶的活性位置组成部分，参与机体大部分的代谢过程。此外，硫作为维生素（硫胺素和生物素）的组成也参与了代谢过程。

含硫氨基酸（蛋氨酸和胱氨酸）中的硫能够满足家禽的硫需要。在饲料中添加有机硫，可提高鸭子羽毛生长速度。

2.微量元素

铁：主要吸收部位是十二指肠，并且多以螯合或与转铁蛋白结合的方式以易化扩散的方式被吸收。吸收后的铁约60%在骨髓中合成血红蛋白，其次是在肌肉中合成肌红蛋白。铁主要经粪便排泄。

铁是血红蛋白、肌红蛋白、转铁蛋白、结合球蛋白和血红素结合蛋白的主要组成成分，参与氧、二氧化碳、铁、血红素等的运输。另外，铁是多种酶的活化因子，参与碳水化合物代谢、细胞氧化和磷酸化过程。铁还能影响红细胞的免疫黏附功能、淋巴细胞的增殖以及体内免疫球蛋白的合成，调节机体免疫。

谷物类、饼粕类饲料原料中含有丰富的铁，肉鸭一般不容易发生缺铁现象。缺铁会影响肉鸭生长性能、生理指标、营养利用和抗氧化系统。肉鸭缺铁时的主要症状是贫血，血液中血红蛋白含量下降，肌肉苍白。病鸭精神不振、食欲减退、生长迟缓、消瘦、羽毛凌乱无光泽。由于家禽的铁排泄机制有限，过多的铁进入体内会产生较多的羟自由基，造成严重的氧化应激及代谢紊乱。肉鸭铁中毒表现为采食量下降、腹泻、出血性胃肠炎，甚至惊厥和急性肝坏死等。

铜：参与许多消化、生理和生物合成过程。肝脏是铜的主要贮存器官，鸭肝的铜含量约为 10 mg/kg。铜在消化道各段都能被吸收，但主要的吸收部位是小肠。当日粮铜浓度较高时，以易化扩散为主；当日粮铜浓度较低时，可经简单扩散吸收。内源铜主要经胆汁由消化道排泄。

铜在鸭体内具有广泛的生物学作用。铜和铁有协同作用，促进血红蛋白的合成和红细胞的成熟。铜是赖氨酰氧化酶和单胺氧化酶的辅助因子，参与血管和骨骼的形成，维持血管弹性和骨骼强度。铜是细胞色素氧化酶的组成成分，参与机体的能量代谢。

雏鸭缺铜时出现食欲减退、生长缓慢、羽毛发育不良、自发性骨折、免疫机能受损等症状。成鸭缺铜则表现为生产性能下降、产蛋率降低、羽毛褪色无光泽、缺铁性贫血等症状。铜中毒症状为血红蛋白水平下降、胸腺和法氏囊萎缩、体液免疫受到抑制等。

有机铜和无机铜在肉鸭饲料中添加表现出不同的性质。有机铜在改善肝脏铜浓度、铜排泄和铜潴留方面优于无机铜，同时能降低1～49日龄北京鸭血浆中甘油三酯的含量且能更安全地作为添加剂添加到北京鸭的饲料中；用三氯化铜代替抗生素促生长剂，可以提高1～42日龄樱桃谷肉鸭的饲料转化率、微量矿物质沉积以及抗氧化能力。

锰：是动物体内许多与碳水化合物、脂类、蛋白质代谢相关的酶的促成成分和激活剂，如精氨酸酶、脯氨酸肽酶、丙酮酸羧化酶、超氧化物歧化酶、脱氧核糖核酸酶等。锰是促进性腺发育和内分泌功能的重要元素之一，与精子的活力关系密切。锰可以改善机体对铜的利用，调节造血机能。

肉鸭缺锰会导致生长发育受阻，骨骼异常，关节肿大，表现为"滑腱症"。肉种鸭缺锰受精率和种蛋孵化率明显下降，弱雏增多。

锰是许多酶的激活剂，对鸭的生长、骨骼、生殖机能和运动系统等的发育均有一定的促进作用。0～3周龄肉鸭日粮锰适宜添加量为85～135 mg/kg。当日粮中锰的添加量在 90～100 mg/kg 时，28 日龄和 30 日龄的北京鸭能获得较好的生长性能。对 0～3 周龄的樱桃谷肉鸭试验表明，锰添加量为 110 mg/kg 时生长性能好。

锌：小肠是动物锌吸收的主要器官，肝脏是动物锌代谢、贮存的主要场所。锌的周转代谢速度很快，代谢后的锌主要经胆汁、胰液及其他消化液从粪便排出。

锌对动物蛋白质、碳水化合物和脂肪的新陈代谢发挥重要的作用，是维持毛发生长、皮肤健康和组织修补所必需的。锌是动物 100 多种重要的酶的构成成分，如碱性磷酸酶、羧基肽酶、蛋白水解酶、乳酸脱氢酶等，起着催化分解、合成和稳定酶蛋白质四级结构和酶活性等作用。锌参与胱氨酸和黏多糖代谢，有利于维持上皮细胞和皮毛的正常形态、生长和健康。锌通过调节酶活性参与体内 RNA、DNA 和蛋白质的合成和代谢。二价锌离子对胰岛素分子有保护作用，是胰岛素的组成成分，有利于胰岛素发挥生理生化作用。

肉鸭缺锌会导致食欲下降，生长迟缓，体重下降，关节肿大，脚蹼干裂并表现皮炎病变，披羽发育不良等症状。饲料中锌添加量过大或搅拌不均匀，容易导致家禽出现精神抑郁，羽毛松乱，肝、肾和脾肿大，生长迟缓，白肌病等中毒症状。过量的锌可影响机体对铁、铜的吸收利用，导致食欲减退、生长迟缓、贫血、血清铁及体内铁贮存量减少等。

肉鸭日粮中添加锌显著增加1～35日龄北京鸭体重、平均日增重、平均日采食量，降低料肉比，增加屠宰重、胴体重、去内脏重，胸肌、腿肌重和肌内脂肪含量；增加14日龄和35日龄绒毛高度，降低隐窝深度、肠道紧密连接蛋白的表达、肠道屏障相关基因的表达以及抗氧化水平。日粮补锌有促进北京鸭生长，改善胴体品质、肉质和抗氧化能力，改善肠道形态，增强肠道屏障的完整性等作用，最佳需要量为91.32 mg/kg。在1～56日龄北京鸭日粮中添加300 mg/kg的植酸酶可以满足肉鸭对锌的需要量，无须额外添加锌。

碘：肉鸭体内大部分碘以甲状腺素组成成分存在于甲状腺中，甲状腺素对调节机体新陈代谢尤其重要。甲状腺素参与氧化磷酸化过程，调节代谢和维持体内热平衡。碘可刺激促进甲状腺释放激素的分泌，从而影响繁殖机能。碘对毛发的生长、细胞免疫和组织系统发育等有重要作用。

肉鸭缺碘的主要症状是甲状腺肿大，患病鸭体重下降、生长迟缓、羽毛脱落。肉种鸭缺碘会导致孵化时间延长,胚胎死亡率增多,雏鸭出现先天性甲状腺肿的概率增大。过量的碘会影响甲状腺对碘的利用而导致甲状腺肿,引起鼻炎、流泪、结膜发红、咳嗽和皮疹等症状。中毒期间保证饮水充足并增加饲料中食盐添加量,可促进碘排出,减轻中毒症状。

硒:硒是具有特殊作用的微量元素,对肉鸭有非常重要的营养作用。硒的吸收主要在十二指肠,吸收形式有两种,一是无机硒以被动扩散通过肠壁,二是有机硒以含硒氨基酸形式被主动吸收。

硒是谷胱甘肽过氧化物酶的组成成分,具有清除自由基、抗氧化作用。硒和维生素E有协同作用,减少肉鸭对维生素E的需要量。硒广泛地分布于家禽各组织器官,其中肌肉占50%,羽毛占14%~15%,补充硒可以改善肌肉品质和羽毛生长。硒对维持胰腺功能、维持肠道脂肪酶活性有重要意义,可促进乳糜微粒的形成,有助于脂类及脂溶性物质的消化吸收。

硒缺乏症多呈地方性流行,主要发生于雏鸭。患病鸭精神沉郁,采食量下降,生长迟缓,体重迅速下降,排绿色或白色稀便,肌肉颜色变白。肉种鸭产蛋率、种蛋受精率和孵化率下降。硒的毒性较强,长期摄入

5～10 mg/kg 硒可产生慢性中毒，摄入 500～1 000 mg/kg 硒可出现急性或亚急性中毒。中毒鸭表现为生长发育不良、食欲废绝、被毛粗乱脱落、结膜和喙呈白色、拉白色或黑色稀便、呼吸困难，甚至出现麻痹症状，最终衰竭死亡。

钴：是维生素 B_{12} 的组成成分，参与甲基转移和糖代谢。另外，钴是转移羧化酶、脂肪氧化酶等的组成成分，参与对酶的活化作用。

铬：主要以三价铬的形式构成葡萄糖耐受因子，具有类似胰岛素活性，影响碳水化合物、脂肪、蛋白质和核酸代谢。铬可维持血液中正常的胆固醇水平，影响脂肪和胆固醇在肝脏的合成与清除。

氟：可取代骨骼中的羟磷灰石的羟离子或碳酸根离子，形成氟磷灰石，增强骨骼强度，预防骨松症。

钼：主要组成黄嘌呤氧化酶或脱氢酶、醛氧化酶和亚硫酸盐氧化酶等，参与体内氧化还原反应。鸭氮代谢形成尿酸需要大量黄嘌呤氧化酶。

（七）能　量

动物营养学家对能量的定义是有机化合物的氧化，

主要涉及化学能和热能。动物的所有活动,例如呼吸、心跳、血液循环、肌肉活动、神经活动、繁殖等都需要能量。

肉鸭所需的能量主要来源于饲料中的碳水化合物、蛋白质和脂肪。碳水化合物和脂肪在体内可以完全氧化成二氧化碳和水,所产生的能量与体外实测值相符。但是蛋白质在体内不能完全被分解成二氧化碳和水,一部分能量随尿酸等代谢中间产物排出体外,因此蛋白质在体内的氧化产热低于体外的燃烧产热。脂肪是含能最高的营养物质,在生理条件下,脂肪所含的能量相当于碳水化合物和蛋白质的 2.25 倍。

鸭摄入的饲料能量,在体内可分为产热、产品(组织)形成和排泄物三个方面。

总能指的是饲料中有机物质完全氧化时所产生的能量总和,通常直接用氧弹式测热器测定,也可以通过特定养分含量来估计:碳水化合物 15.5 ~ 17.5 kJ/g、蛋白质 23.4 kJ/g、脂肪 39.3 kJ/g。

消化能是饲料可消化养分所含的能量。表观消化能为日粮总能与粪能之差。

正常情况下,动物的粪便主要包括以下能产生能量的物质:未被消化吸收的饲料养分、消化道微生物及其代谢产物、消化道分泌物和经消化道排泄的代谢产物、消化道黏膜脱落细胞,后三者称为粪代谢物,所含能量为代谢粪能。粪能中扣除代谢粪能后计算的消化能称为真消化能。

鸭粪尿在泄殖腔混合后排出,一般情况下,以代谢能为基础评定鸭饲料的能量价值。

消化能减去尿能和消化道发酵气体能即等于表观代谢能。

消化道气体能指消化道微生物发酵产生的甲烷。鸭产生的气体较少,所占代谢能的比例较小,可忽略不计。影响代谢能的主要因素是尿能。尿能主要来自排泄的氮(哺乳动物主要为尿素,禽类主要是尿酸)。尿中能量除来自饲料养分吸收后在体内代谢分解的产物外,还有部分来自体内蛋白质动员分解的产物,后者称为内源氮,所含能量称为内源尿能。

真代谢能为真消化能减去扣除内源的尿能和消化道发酵气体能。

净能为代谢能减去热增耗后剩余的那一部分能量。

动物总产热由维持产热、热增耗、活动产热和维持体温这几部分组成。其中热增耗又称为特殊动力作用或者食后增热，指的是绝食动物在采食饲料后短时间内，体内代谢产热高于绝食代谢产热的那部分以热形式散失的热能。热增耗主要来源于消化过程的产热、与营养物质代谢相关器官组织活动所产生的热量、营养物质代谢做功产热、肾脏排泄做功产热和饲料在胃肠道的发酵产热等。在冷应激环境中，热增耗可用于维持体温。但在炎热条件下，热增耗将成为动物的额外负担，必须将其散失，以防止体温升高，在散失的过程中又会产热。

净能可分为维持净能和生产净能。维持净能指的是饲料能量动物用于维持生命活动、适度随意运动和体温的那一部分能量，一般认为是恒定的，并最终以热的形式散失。生产净能指的是饲料能量沉积到产品的增重净能、产羽净能、产蛋净能等。

二、 营养需要与饲养标准

（一）肉鸭营养需要与饲养标准

肉鸭的营养需要量是指肉鸭在适宜环境条件下，维持正常、健康生长时所需要的各种营养物质种类和数量的最低要求。营养需要量分为维持需要量和生产需要量。维持需要量是指肉鸭在非生产、相对安静条件下维持生命活动所需要的营养物质量；生产需要量指肉鸭满足生长、产肉、产蛋、产羽绒所需要的营养物质量。肉鸭饲养标准是根据肉鸭的品种、生理特点、生长阶段、生产水平、饲养条件等因素，科学归纳肉鸭所需要的各种营养物质的数量和饲料营养价值数据库，对肉鸭实际生产发挥指导性的作用。

实际生产过程中，不同肉鸭品种特定生长发育阶段、生理状态及生产目标不同，营养需要有所差异。在选用合适饲养标准的基础上，合理搭配饲料原料种类和组成，保证肉鸭采食的饲料营养养分供给满足饲养标准所规定的营养物质量。如果长期摄入某种营养素不足，肉鸭就有发生缺乏症的危险；当长期大量摄入某种营养素时也可能产生一定的毒副作用。

1. 肉鸭营养需要

（1）能量：碳水化合物、蛋白质和脂肪是动物生命活动的能量来源。易消化的碳水化合物是肉鸭最经济的能量来源，效率高。饲料部分半纤维素能被鸭盲肠微生物消化，绝大部分粗纤维不能被肉鸭利用。与鸡相比，鸭在消化道组织学结构、酶活性、pH及对营养物质消化率有显著差异，直接将鸡饲料原料代谢能值（ME）套用于肉鸭饲料配制，是不科学的。因此，2012年我国发布了农业行业标准《肉鸭饲养标准》（NY/T 2122-2012），建立了针对鸭的饲料原料代谢能值数据库。此外，肉鸭可根据能量浓度调节采食量，能适应一定日粮能量浓度范围。目前推荐生长前后期北京鸭适宜能量水平范围分别为 11.81~12.02 MJ（ME）/kg 和 12.12~12.54 MJ（ME）/kg，生长期番鸭代谢能水平为 11.70 ~ 12.54 MJ（ME）/kg。

（2）粗蛋白质和氨基酸：肉鸭所需要的粗蛋白质主要用于维持和体蛋白的沉积，实际上也是满足氨基酸需要的另一种方式。目前，推荐雏鸭（0 ~ 2 周龄）饲料中粗蛋白质水平 19% ~ 22% 为宜，生长鸭（2 ~ 7 周龄）的粗蛋白质需要量变化范围为 12% ~ 18%。由于代谢能值水平高低直接影响肉鸭采食量，为了确保粗蛋白质和氨基酸的摄入量，饲料代谢能与粗蛋白质（ME/CP）的比例应当相对稳定。若饲料代谢能以千焦（kJ）计算，则能蛋比（ME/CP）雏鸭应为 54 ~ 58，生长鸭应为 76 ~ 80。生产条件下，肉鸭易缺乏蛋氨酸、赖氨酸、苏氨酸和色氨酸等必需氨基酸。在目前豆粕和鱼粉等优质蛋白质原料价格上涨的环境下，可降低蛋白质原料的使用量，选择补充适量的商品晶体氨基酸满足肉鸭对氨基酸的需要，同时节约饲料成本。0 ~ 2 周龄雏鸭赖氨酸需要量为 0.90% ~ 1.10%，蛋氨酸及含硫氨基酸需要量分别为 0.40% ~ 0.55% 和 0.70% ~ 0.85%；2 ~ 7 周龄肉鸭赖氨酸需要量为 0.63% ~ 0.86%，蛋氨酸及含硫氨基酸需要量分别为 0.30% ~ 0.45% 和 0.55% ~ 0.75%。北京鸭、番鸭和肉蛋兼用型肉鸭的主要氨基酸的适宜添加量参考表 2-1、表 2-2 和表 2-3。

表 2-1　　　　商品代北京鸭营养需要量

营养指标	NY/T 2122-2012				NRC（1994）	
	育雏期 0~2周	生长期 3~5周	肥育期 6~7周		育雏期 0~2周	生长期 3~7周
			自由采食	填饲		
鸭表观代谢能（MJ/kg）	12.14	12.14	12.35	12.56	12.10	12.52
粗蛋白质（%）	20.0	17.5	16.0	14.5	22.0	16.0
钙（%）	0.90	0.85	0.80	0.80	0.65	0.60
总磷（%）	0.65	0.60	0.55	0.55	—	—
非植酸磷（%）	0.42	0.40	0.35	0.35	0.40	0.30
钠（%）	0.15	0.15	0.15	0.15	0.15	0.15
氯（%）	0.12	0.12	0.12	0.12	0.12	0.12
赖氨酸（%）	1.10	0.85	0.65	0.60	0.90	0.63
蛋氨酸（%）	0.45	0.40	0.35	0.30	0.40	0.30
蛋氨酸+胱氨酸（%）	0.80	0.70	0.60	0.55	0.70	0.55
苏氨酸（%）	0.75	0.60	0.55	0.50	—	—
色氨酸（%）	0.22	0.19	0.16	0.15	0.23	0.17
精氨酸（%）	0.95	0.85	0.70	0.70	1.1	1.0
异亮氨酸（%）	0.72	0.57	0.45	0.42	0.63	0.46
维生素 A（IU/kg）	4 000	3 000	2 500	2 500	2 500	2 500
维生素 D₃（IU/kg）	2 000	2 000	2 000	2 000	400	400
维生素 E（IU/kg）	20	20	10	10	10	10

续表

营养指标	NY/T 2122–2012				NRC（1994）	
	育雏期 0~2 周	生长期 3~5 周	肥育期 6~7 周		育雏期 0~2 周	生长期 3~7 周
			自由 采食	填饲		
维生素 K$_3$（mg/kg）	2.0	2.0	2.0	2.0	0.5	0.5
维生素 B$_1$（mg/kg）	2.0	1.5	1.5	1.5	—	—
维生素 B$_2$（mg/kg）	10	10	10	10	4.0	4.0
烟　酸（mg/kg）	50	50	50	50	55	55
泛　酸（mg/kg）	20	10	10	10	11	11
维生素 B$_6$（mg/kg）	4.0	3.0	3.0	3.0	2.5	2.5
维生素 B$_{12}$（mg/kg）	0.02	0.02	0.02	0.02	—	—
生物素（mg/kg）	0.15	0.15	0.15	0.15	—	—
叶　酸（mg/kg）	1.0	1.0	1.0	1.0	—	—
胆　酸（mg/kg）	1 000	1 000	1 000	1 000	—	—
铜（mg/kg）	8.0	8.0	8.0	8.0	—	—
铁（mg/kg）	60	60	60	60	—	—
锰（mg/kg）	100	100	100	100	50	—
锌（mg/kg）	60	60	60	60	60	—
硒（mg/kg）	0.30	0.30	0.20	0.20	—	—
碘（mg/kg）	0.40	0.40	0.30	0.30	0.2	—

注：营养需要量数据以饲料干物质含量87%计。"—"表示无推荐值。

表2-2 番鸭营养需要量

营养指标	NY/T 2122-2012			INRA (1989)		
	育雏期 0~3 周	生长期 4~8 周	肥育期 9~上市	育雏期 0~3 周	生长期 4~8 周	肥育期 9周~上市
鸭表观代谢能（MJ/kg）	12.14	11.93	11.93	12.52	12.52	12.52
粗蛋白质（%）	20.0	17.5	15.0	19.0	16.0	13.5
钙（%）	0.90	0.85	0.80	0.90	0.80	0.64
总磷（%）	0.65	0.60	0.55	——	——	——
非植酸磷（%）	0.42	0.38	0.35	0.40	0.35	0.26
钠（%）	0.15	0.15	0.15	0.16	0.16	0.16
氯（%）	0.12	0.12	0.12	0.14	0.14	0.14
赖氨酸（%）	1.05	0.80	0.65	0.91	0.76	0.72
蛋氨酸（%）	0.45	0.40	0.35	0.36	0.33	0.30
蛋氨酸＋胱氨酸（%）	0.80	0.75	0.60	0.76	0.65	0.62
苏氨酸（%）	0.75	0.60	0.45	0.61	0.55	0.52
色氨酸（%）	0.20	0.18	0.16	0.17	0.16	0.15
精氨酸（%）	0.70	0.55	0.50	1.07	0.86	0.82
异亮氨酸（%）	0.90	0.80	0.65	0.70	0.56	0.53
维生素 A（IU/kg）	4 000	3 000	2 500	8 000	8 000	4 000
维生素 D$_3$（IU/kg）	2 000	2 000	1 000	1 000	1 000	500
维生素 E（IU/kg）	20	10	10	20	15	
维生素 K$_3$（mg/kg）	2.0	2.0	2.0	4	4	——
维生素 B$_1$（mg/kg）	2.0	1.5	1.5	——	——	——
维生素 B$_2$（mg/kg）	12.0	8.0	8.0	4.0	4.0	2.0
烟 酸（mg/kg）	50	30	30	25	25	——
泛 酸（mg/kg）	10	10	10	5	5	

肉鸭营养与饲料

续表

营养指标	NY/T 2122-2012			INRA（1989）		
	育雏期 0~3周	生长期 4~8周	肥育期 9~上市	育雏期 0~3周	生长期 4~8周	肥育期 9周~上市
维生素 B_6（mg/kg）	3.0	3.0	3.0	2.0	—	—
维生素 B_{12}（mg/kg）	0.02	0.02	0.02	0.015	0.010	—
生物素（mg/kg）	0.20	0.10	0.10	0.1	—	—
叶　酸（mg/kg）	1.0	1.0	1.0	0.2	—	—
胆　酸（mg/kg）	1 000	1 000	1 000	—	—	—
铜（mg/kg）	8.0	8.0	8.0	5.0	4.0	3.0
铁（mg/kg）	60	60	60	40	30	20
锰（mg/kg）	100	80	80	70	60	60
锌（mg/kg）	60	40	40	40	30	20
硒（mg/kg）	0.20	0.20	0.20	—	—	—
碘（mg/kg）	0.40	0.40	0.30	0.10	0.10	0.10

注：营养需要量数据以饲料干物质含量87%计。"—"表示无推荐值。

表2-3　　　肉蛋兼用型肉鸭营养需要量

营养指标	育雏期 0~3周	生长期 4~7周	肥育期 8~上市
鸭表观代谢能（MJ/kg）	12.12	11.72	12.12
粗蛋白质（%）	20.0	17.0	15.0
钙（%）	0.90	0.85	0.80
总磷（%）	0.65	0.60	0.55
非植酸磷（%）	0.42	0.38	0.35

营养指标	育雏期 0~3周	生长期 4~7周	肥育期 8~上市
钠（%）	0.15	0.15	0.15
氯（%）	0.12	0.12	0.12
赖氨酸（%）	1.05	0.85	0.65
蛋氨酸（%）	0.42	0.38	0.35
蛋氨酸＋胱氨酸（%）	0.78	0.70	0.60
苏氨酸（%）	0.75	0.60	0.50
色氨酸（%）	0.20	0.18	0.16
精氨酸（%）	0.90	0.80	0.70
异亮氨酸（%）	0.70	0.55	0.45
维生素 A（IU/kg）	4 000	3 000	2 500
维生素 D_3（IU/kg）	2 000	2 000	1 000
维生素 E（IU/kg）	20	20	10
维生素 K_3（mg/kg）	2.0	2.0	2.0
维生素 B_1（mg/kg）	2.0	1.5	1.5
维生素 B_2（mg/kg）	8.0	8.0	8.0
烟　酸（mg/kg）	50	30	30
泛　酸（mg/kg）	10	10	10
维生素 B_6（mg/kg）	3.0	3.0	3.0
维生素 B_{12}（mg/kg）	0.02	0.02	0.02
生物素（mg/kg）	0.20	0.20	0.20

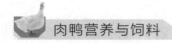

营养指标	育雏期 0~3周	生长期 4~7周	肥育期 8~上市
叶　酸（mg/kg）	1.0	1.0	1.0
胆　酸（mg/kg）	1 000	1 000	1 000
铜（mg/kg）	8.0	8.0	8.0
铁（mg/kg）	60	60	60
锰（mg/kg）	100	100	100
锌（mg/kg）	40	40	40
硒（mg/kg）	0.20	0.20	0.20
碘（mg/kg）	0.40	0.30	0.30

注：营养需要量数据以饲料干物质含量87%计。

（3）矿物质：矿物质在鸭机体中占4%～5%的比重，主要包括钙、磷、钠、氯、铜、铁、锰、锌和硒等。钙、磷在肉鸭实际日粮中比较容易缺乏，特别是生长期和育肥期，因此很有必要在饲料中补充钙源和磷源饲料原料（石灰石粉、磷酸氢钙）等。雏鸭阶段钙和非植酸磷需要量建议范围分别为0.65%～1.00%和0.40%～0.55%；生长阶段肉鸭钙和非植酸磷需要量建议范围分别为0.60%～0.90%和0.30%～0.45%。此外，肉鸭钙、磷吸收利用效率受两者比例的影响，

0~2周龄小鸭配合饲料中钙、磷比例以1.5:1.0为宜；3~7周龄以1.5:1.0~2:1为宜。钠和氯是保持鸭体内渗透压平衡及运输水分的重要成分，生产中常用食盐来补充，一般占日粮的0.25%~0.40%，不宜过多。铜、铁、锰、锌和硒等微量元素对鸭体都具有重要作用，但目前关于肉鸭对微量元素需要量的研究报道较少，如发现微量元素缺乏症，要及时补充。北京鸭、番鸭和肉蛋兼用型肉鸭的矿物元素适宜添加量参考表2-1、表2-2和表2-3。

（4）维生素：肉鸭对维生素的需要包括脂溶性维生素和水溶性维生素，主要有核黄素、泛酸、吡哆醇、叶酸和维生素B_{12}、硫胺素、维生素A、维生素D_3及烟酸、维生素K、胆碱等。其中，脂溶性维生素必须由饲料提供，对消化道功能尚未健全的雏鸭尤为重要。对于散养户，特别是在有青绿饲料饲喂的情况下，维生素的添加量可适当降低。集约化生产过程中，在饲料中适量添加一定比例的鸭专用维生素预混料一般可以满足肉鸭对各种维生素的需要。北京鸭、番鸭和肉蛋兼用型肉鸭的维生素适宜添加量参考表2-1、表2-2和表2-3。

（5）水：水是鸭体内十分重要的必需营养素。雏鸭体内含水量75%~80%，成年鸭体内含水量60%~70%。鸭饮水不足可导致采食量下降，生长减缓，严重时引发死亡。持续不断地供给肉鸭清洁饮水才能维持正常生长。同时，在夏冬季节还要考虑水温对肉鸭的影响。

2. 影响肉鸭营养需要的因素

（1）肉鸭自身因素：这一因素主要包括肉鸭品种、生长阶段、性别和生理状态等。不同品种肉鸭的生长速度、饲料转化率、抗病能力等存在较大差异，导致对营养素的需要量也不同。母鸭沉积脂肪的能力高于公鸭，饲料转化效率低于公鸭；育肥期肉鸭能量需要明显高于育雏期和生长期；健康的肉鸭维持需要明显低于处于疾病状态下的肉鸭。

（2）饲料营养因素：主要包括饲料组成和营养水平两个方面。蛋白质含量高的饲料其热增耗明显高于其他类型的原料。为了有效降低饲料成本，肉鸭饲料配制常常使用大量的杂粕（棉籽粕、菜籽粕、葵籽粕、芝麻粕及花生粕等），但这些原料含有较多的抗营养因子，会影响肠道营养物质利用率，进而引起营养物质需要量发生改变。

（3）环境与饲养管理因素：主要包括环境温度、湿度、气流、饲养密度和饲养方式等。环境温度过高或过低均会影响肉鸭营养需要量。具体表现在：或影响采食量，或增加维持需要，或改变养分代谢强度。比如，夏季温度每升高1℃，采食量将减少5%，此时需要提高饲料能量浓度来尽量满足肉鸭能量日总摄入量。此外，环境温度对肉鸭营养需要影响程度受湿度和风速的影响。高湿会加剧高温热应激，增加维持营养需要；风速增大可使肉鸭体热散失更快，可缓解高温热应激。饲养密度提高，肉鸭的采食、饮水等各种活动都会受到不同程度的影响，营养物质的摄入量和需求量也会发生改变。

3. 肉鸭饲养标准

在营养需要量研究方面，我国对肉鸭能量、粗蛋白质、必需氨基酸、钙和磷的需要量的报道较多，对微量元素、维生素需要量的研究相对较少。发达国家肉鸭饲养量偏少，相关的研究资料也相对短缺。目前，肉鸭饲料配制主要参考美国NRC（1994）、法国INRA（1989）和我国2012年发布的农业行业标准《肉鸭饲养标准》（NY/T 2122-2012）。

肉鸭营养与饲料

（1）北京鸭饲养标准：依据商品代北京鸭生长发育及生产性能特点，将饲养期分为育雏期、生长期、肥育期（包括自由采食与填饲）等3个阶段，各阶段的营养需要量数据见表2-1。商品代北京鸭体重与饲料消耗量数据见表2-4。表2-1同时对比了美国NRC（1994）和NY/T 2122-2012《肉鸭饲养标准》的北京鸭各生长阶段营养需要量数据，可为肉鸭生产者饲料配制提供参考和选择。

表2-4 　商品代北京鸭体重与耗料量

周龄	体重（g）	每周耗料量（g/只）	累计耗料量（g/只）
0	60	0	0
1	250	220	220
2	730	700	920
3	1 400	1 300	2 220
4	2 200	1 530	3 750
5	2 800	1 800	5 550
6	3 250	1 800	7 350
7	3 700	1 800	9 150

注：体重与耗料量数据均为自由采食条件下获得，耗料量数据由公母鸭按相同比例混合饲养获得。

（2）番鸭饲养标准：依据番鸭生长发育及生产性能特点，将饲养期分为育雏期、生长期、肥育期3个阶段。各阶段的营养需要量数据见表2-2。半番鸭营养需要量可参考番鸭执行。表2-2同时对比了美国INRA（1989）和NY/T 2122-2012《肉鸭饲养标准》的番鸭各生长阶段营养需要量数据，为番鸭生产者饲料配制提供参考和选择。

（3）肉蛋兼用型肉鸭饲养标准：依据肉蛋兼用型肉鸭生长发育及生产性能特点，将饲养期分为育雏期、生长期和肥育期等3个阶段。各阶段的营养需要量数据见表2-3。

（二）种鸭营养需要与饲养标准

种鸭繁殖性能的高低直接影响养鸭业的生产效率和经济效益，繁殖性能主要受营养、遗传、环境、饲养管理、疾病等多种因素的影响，其中营养因素是影响繁殖效率的重要因素之一。种母鸭日粮能量、粗蛋白质、氨基酸、矿物质和维生素等营养水平不仅直接影响产蛋性能，而且通过卵黄囊平衡营养影响胚胎的正常发育。产蛋期种母鸭的营养严重缺乏或过剩时均会影响雏鸭质量及其后期生长发育。一般来说，种鸭获得最佳的营养摄入量，一是通过性成熟前（育成期）的饲喂控制种鸭的体重、体况，该阶段的饲喂对产蛋率的影响非常重要；二是产蛋期的饲喂，对产蛋数量和持续性、受精率和孵化率至关重要。

1. 肉种鸭产蛋营养需要

肉种鸭产蛋营养需要量分为维持需要量和产蛋需要量。产蛋营养需要主要根据蛋的营养价值数据，采用析因法估计产蛋期肉种鸭营养需要的基本信息。例如，体重 3 kg 的母鸭，每日维持需要的代谢能假定为 1 420 kJ，每生产 85 g 重的蛋需要代谢能约为 1 120 kJ，产蛋率为 90% 时，这只鸭每天需要的代谢能为：1 420 + 1 120 × 0.9 = 2 428 kJ。假定饲喂的日粮每千克含代谢能为 11 200 kJ，则这只鸭的每天给食量为：2 428 kJ ÷ 11 200 kJ/kg = 0.216 kg，即此鸭的每日喂料量应定为 216 g。目前关于肉种鸭营养需要的研究不多，主要规定每天给予一定的饲料用于维持需要，同时给予一定数量的饲料用于产蛋需要。

（1）能量：种母鸭摄入的能量主要用于维持、生长和产蛋需要。能量摄入与消耗正平衡时，种鸭性能最佳。能量摄入量不足会造成体况和产蛋率下降、羽毛脱落等。不同饲养方式肉种鸭的活动量不同，维持需要量也不同。平养方式产蛋肉种鸭的维持能量需要高于笼养方式。环境温度变化造成能量需要的变化，与热平衡时比较，温度每变化1℃，能量需要改变1%。因此，并非只考虑饲料能量水平，还需关注饲喂量和实际能量摄入量与需求。一般采用限饲手段来调整肉种鸭采食量。我国农业行业标准《肉鸭饲养标准》（NY/T 2122−2012）推荐北京种鸭产蛋前期、中期和后期适宜代谢能水平分别为11.72、11.51和11.30 MJ/kg；种番鸭产蛋期适宜代谢能水平为11.30 MJ/kg。

（2）粗蛋白质和氨基酸：粗蛋白质需要主要包括维持、产蛋、体组织及羽毛生长几个部分。产蛋期蛋白质需要量可根据蛋中的蛋白质含量和产蛋率进行确定。产蛋期氨基酸需要量可根据蛋中氨基酸的含量和饲料中氨基酸转化为蛋中氨基酸的效率进行计算。摄入高蛋白的饲料会导致种鸭超重、胸肌大、蛋大、后期受精率和孵化率低、输卵管炎症发生率高。粗蛋白摄入量低，影响蛋重和雏鸭质量。为控制早期肌肉发育，赖氨酸应避免太高；为了羽毛发育和生长，可消化蛋氨酸＋胱氨酸应足够高。目前，北京鸭种鸭产蛋前期、高峰期和后期适宜粗蛋白质水平分别为18%、19%、20%；种番鸭产蛋期适宜粗蛋白质水平为18%。种鸭（北京鸭、番鸭、半番鸭和肉蛋兼用性肉鸭）主要必需氨基酸适宜添加剂量推荐见表2-5、表2-7和表2-8。

（3）矿物质：钙是产蛋肉种鸭饲料重要的营养元素之一，对种蛋蛋壳质量很关键。产蛋期饲料钙含量满足需要量时，蛋壳中的80%的钙由饲料提供，20%的钙由骨组织提供。钙的颗粒大小很重要，添加贝壳粒或较大颗粒的石粒有利于钙的吸收。过多的钙可能诱发磷的缺乏，因此钙和磷相互影响且必须保持在一个较稳定的比例。北京种鸭产蛋前期钙和非植酸磷需要建议量分别为2.00%和0.38%；产蛋高峰期分别为3.1%和0.38%；产蛋后期分别为3.1%和0.38%。此外，饲料高钙水平会增加饲料的pH水平，影响铜、铁、锰、锌和硒等微量元素吸收，甚至出现缺乏症。种鸭产蛋性能对微量元素营养缺乏不敏感，但会影响种蛋微量元素沉积，对胚胎发育和出雏后肉鸭生长产生不利影响。种鸭日粮中缺锌会引起产蛋率和孵化率下降，弱雏率和后代死亡率增加。因此，种蛋孵化性能和雏鸭质量下降时，应当将微量元素缺乏纳入考虑范围，确认后要及时补充。

　　(4)维生素：目前肉种鸭维生素营养方面缺乏系统研究，但种鸡方面大量研究表明：饲粮维生素缺乏对种蛋孵化性能及子代质量和健康产生不利影响。由于维生素不稳定，必须实行质量控制检测，以确保种鸭饲料中维生素水平满足推荐的营养标准，具体添加量参考表2-7。实际生产过程中，在预防缺乏症和维持基本产蛋性能的基础上，适量提高维生素水平，以获得最佳种蛋孵化性能和子代生产性能。钙的吸收需维生素D，饲料钙水平低增加维生素 D_3 需求，以保证种蛋蛋壳质量。最新研究发现，种母鸭饲粮高维生素水平能改善子代雏鸭前期的抗氧化状态和生长性能。现代肉鸭育种过多侧重于生长和产肉性能等指标，导致骨骼质量和抗病性能下降等问题突出。在集约化生产过程中，建议对新开产和产蛋期的种鸭，增加饲料维生素水平，对提高后代生产性能具有非常显著的商业价值。

2. 种鸭饲养标准

　　在营养需要量研究方面，我国对肉种鸭能量、粗蛋白质、必需氨基酸、钙和磷的需要量的报道较多，对微量元素、维生素需要量的研究相对较少。美国 NRC

（1994）只推荐了种鸭整个产蛋期营养需要量，但数据不全，且未涉及育成期营养需要量推荐及产蛋前、中和后期的阶段细分。我国2012发布的农业行业标准《肉鸭饲养标准》（NY/T 2122-2012）中详细列出了北京鸭种鸭、种番鸭和肉蛋兼用型肉鸭种鸭育成及产蛋前、中和后期的营养需要推荐量。

（1）北京鸭种鸭营养需要量：依据北京鸭种鸭生长发育及生产性能特点，将饲养期分为育雏期、育成前期、育成后期、产蛋前期、产蛋中期、产蛋后期等6个阶段。各阶段的营养需要量数据见表2-5。北京鸭种鸭体重与饲料消耗量数据见表2-6。

（2）种番鸭营养需要量：依据种番鸭繁殖性能特点，将饲养期主要分为育成期和产蛋期2个阶段，营养需要量数据见表2-7。半番鸭营养需要量可参考番鸭执行。

（3）肉蛋兼用型肉鸭种鸭营养需要量：依据肉蛋兼用型肉鸭种鸭生长发育及生产性能特点，将饲养期分为育雏期、育成前期、育成后期、产蛋前期、产蛋中期、产蛋后期等6个阶段，各阶段的营养需要量数据见表2-8。

表2-5　　　　　　北京鸭种鸭营养需要量

营养指标	育雏期 0~3周	育成前期 4~8周	育成后期 9~22周	产蛋前期 23~26周	产蛋中期 27~45周	产蛋后期 46~70周
鸭表观代谢能(MJ/kg)	11.93	11.93	11.30	11.72	11.51	11.30
粗蛋白质(%)	20.0	17.5	15.0	18.0	19.0	20.0
钙(%)	0.90	0.85	0.80	2.00	3.10	3.10
总磷(%)	0.65	0.60	0.55	0.60	0.60	0.60
非植酸磷(%)	0.40	0.38	0.35	0.38	0.38	0.38
钠(%)	0.15	0.15	0.15	0.15	0.15	0.15
氯(%)	0.12	0.12	0.12	0.12	0.12	0.12
赖氨酸(%)	1.05	0.85	0.65	0.80	0.95	1.00
蛋氨酸(%)	0.45	0.40	0.35	0.40	0.45	0.45
蛋氨酸+胱氨酸(%)	0.80	0.70	0.60	0.70	0.75	0.75
苏氨酸(%)	0.75	0.60	0.50	0.60	0.65	0.70
色氨酸(%)	0.22	0.18	0.16	0.20	0.20	0.22
精氨酸(%)	0.95	0.80	0.70	0.90	0.90	0.95
异亮氨酸(%)	0.72	0.55	0.45	0.57	0.68	0.72
维生素 A(IU/kg)	6 000	3 000	3 000	8 000	8 000	8 000
维生素 D_3(IU/kg)	2 000	2 000	2 000	3 000	3 000	3 000
维生素 E(IU/kg)	20	20	10	30	30	40

肉鸭营养与饲料

营养指标	育雏期 0~3周	育成前期 4~8周	育成后期 9~22周	产蛋前期 23~26周	产蛋中期 27~45周	产蛋后期 46~70周
维生素 K_3（mg/kg）	2.0	1.5	1.5	2.5	2.5	2.5
维生素 B_1（mg/kg）	2.0	1.5	1.5	2.0	2.0	2.0
维生素 B_2（mg/kg）	10	10	10	15	15	15
烟　酸（mg/kg）	50	50	50	50	60	60
泛　酸（mg/kg）	10	10	10	20	20	20
维生素 B_6（mg/kg）	4.0	3.0	3.0	4.0	4.0	4.0
维生素 B_{12}（mg/kg）	0.02	0.01	0.01	0.02	0.02	0.02
生物素（mg/kg）	0.20	0.10	0.10	0.20	0.20	0.20
叶　酸（mg/kg）	1.0	1.0	1.0	1.0	1.0	1.0
胆　酸（mg/kg）	1 000	1 000	1 000	1 500	1 500	1 500
铜（mg/kg）	8.0	8.0	8.0	8.0	8.0	8.0
铁（mg/kg）	60	60	60	60	60	60
锰（mg/kg）	80	80	80	100	100	100
锌（mg/kg）	60	60	60	60	60	60
硒（mg/kg）	0.20	0.20	0.20	0.30	0.30	0.30
碘（mg/kg）	0.40	0.30	0.30	0.40	0.40	0.40

注：营养需要量数据以饲料干物质含量87%计。

表2-6　　　　北京鸭种鸭体重与耗料量

周龄	体重（g）		母鸭		公鸭	
	母鸭	公鸭	每周耗料量（g/只）	累计耗料量（g/只）	每周耗料量（g/只）	累计耗料量（g/只）
0	60	60	0	0	0	0
1	245	260	175	175	184	184
2	610	640	420	595	441	625
3	1 060	1 150	630	1 225	662	1 287
4	1 345	1 470	840	2 065	882	2 169
5	1 560	1 740	875	2 940	919	3 088
6	1 720	2 060	896	3 836	941	4 029
7	1 870	2 245	910	4 746	956	4 985
8	2 015	2 450	924	5 670	970	5 955
9	2 160	2 580	945	6 615	992	6 947
10	2 290	2 695	945	7 560	992	7 939
11	2 365	2 780	945	8 505	992	8 931
12	2 400	2 845	959	9 464	1 007	9 938
13	2 450	2 905	959	10 423	1 007	10 945
14	2 535	2 970	980	11 403	1 029	11 974
15	2 580	3 020	980	12 383	1 029	13 003
16	2 645	3 070	980	13 363	1 029	14 032
17	2 680	3 110	1 015	14 378	1 066	15 098
18	2 725	3 150	1 015	15 393	1 066	16 164
19	2 805	3 190	1 015	16 408	1 066	17 230
20	2 870	3 230	1 015	17 423	1 066	18 296
21	2 935	3 270	1 085	18 508	1 139	19 435

肉鸭营养与饲料

续表

周龄	体重（g）		母鸭		公鸭	
	母鸭	公鸭	每周耗料量（g/只）	累计耗料量（g/只）	每周耗料量（g/只）	累计耗料量（g/只）
22	3 000	3 310	1 155	19 663	1 213	20 648
23	3 055	3 340	1 225	20 888	1 286	21 934
24	3 090	3 370	1 295	22 183	1 360	23 294
25	3 125	3 400	1 365	23 548	1 433	24 727
26	3 150	3 420	1 470	25 018	1 544	26 271
27	3 170	3 450	1 505	26 523	1 580	27 851

注：0~3周龄体重与耗料量数据为自由采食条件下获得，3周龄以后体重与耗料量数据为限饲条件下获得。耗料量数据由公母鸭单独饲养获得。

表2-7　　　　　　番鸭种鸭营养需要量

营养指标	育成期（9~26周）	产蛋期（27~65周）
鸭表观代谢能（MJ/kg）	11.30	11.30
粗蛋白质（%）	14.5	18.0
钙（%）	0.80	3.30
总磷（%）	0.55	0.60
非植酸磷（%）	0.35	0.38
钠（%）	0.15	0.15
氯（%）	0.12	0.12
赖氨酸（%）	0.60	0.80
蛋氨酸（%）	0.30	0.40
蛋氨酸＋胱氨酸（%）	0.55	0.72

营养指标	育成期（9~26周）	产蛋期（27~65周）
苏氨酸（%）	0.45	0.60
色氨酸（%）	0.16	0.18
异亮氨酸（%）	0.42	0.68
精氨酸（%）	0.65	0.80
维生素 A（IU/kg）	3 000	8 000
维生素 D_3（IU/kg）	1 000	3 000
维生素 E（IU/kg）	10	30
维生素 K_3（mg/kg）	2.0	2.5
维生素 B_1（mg/kg）	1.5	2.0
维生素 B_2（mg/kg）	8.0	15.0
烟　酸（mg/kg）	30	50
泛　酸（mg/kg）	10	20
维生素 B_6（mg/kg）	3.0	4.0
维生素 B_{12}（mg/kg）	0.02	0.02
生物素（mg/kg）	0.10	0.20
叶　酸（mg/kg）	1.0	1.0
胆　碱（mg/kg）	1 000	1 500
铜（mg/kg）	8.0	8.0
铁（mg/kg）	60	60
锰（mg/kg）	80	100
锌（mg/kg）	40	60
硒（mg/kg）	0.20	0.30
碘（mg/kg）	0.30	0.40

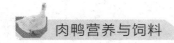

肉鸭营养与饲料

表2-8　　肉蛋兼用型肉鸭种鸭营养需要量

营养指标	育雏期 0~3周	育成前期 4~7周	育成后期 8~18周	产蛋前期 19~22周	产蛋中期 23~45周	产蛋后期 46~72周
鸭表观代谢能(MJ/kg)	11.93	11.72	11.30	11.51	11.30	11.30
粗蛋白质(%)	19.5	17.0	15.0	17.0	17.0	17.5
钙(%)	0.90	0.80	0.80	2.00	3.10	3.20
总磷(%)	0.60	0.60	0.55	0.60	0.60	0.60
非植酸磷(%)	0.42	0.38	0.35	0.35	0.38	0.38
钠(%)	0.15	0.15	0.15	0.15	0.15	0.15
氯(%)	0.12	0.12	0.12	0.12	0.12	0.12
赖氨酸(%)	1.00	0.80	0.60	0.80	0.85	0.85
蛋氨酸(%)	0.42	0.38	0.30	0.38	0.38	0.40
蛋氨酸+胱氨酸(%)	0.78	0.70	0.55	0.68	0.70	0.72
苏氨酸(%)	0.70	0.60	0.50	0.60	0.60	0.65
色氨酸(%)	0.20	0.18	0.16	0.20	0.18	0.20
精氨酸(%)	0.90	0.80	0.65	0.80	0.80	0.80
异亮氨酸(%)	0.68	0.55	0.40	0.55	0.65	0.65
维生素A(IU/kg)	4 000	3 000	3 000	8 000	8 000	8 000
维生素D_3(IU/kg)	2 000	2 000	2 000	2 000	2 000	3 000
维生素E(IU/kg)	20	10	10	20	20	20
维生素K_3(mg/kg)	2.0	2.0	2.0	2.5	2.5	2.5
维生素B_1(mg/kg)	2.0	1.5	1.5	2.0	2.0	2.0

营养指标	育雏期 0~3周	育成前期 4~7周	育成后期 8~18周	产蛋前期 19~22周	产蛋中期 23~45周	产蛋后期 46~72周
维生素 B_2 (mg/kg)	10	10	10	15	15	15
烟酸 (mg/kg)	50	30	30	50	50	50
泛酸 (mg/kg)	10	10	10	20	20	20
维生素 B_6 (mg/kg)	3.0	3.0	3.0	4.0	4.0	4.0
维生素 B_{12} (mg/kg)	0.02	0.02	0.02	0.02	0.02	0.02
生物素 (mg/kg)	0.20	0.20	0.10	0.20	0.20	0.20
叶酸 (mg/kg)	1.0	1.0	1.0	1.0	1.0	1.0
胆酸 (mg/kg)	1 000	1 000	1 000	1 500	1 500	1 500
铜 (mg/kg)	8.0	8.0	8.0	8.0	8.0	8.0
铁 (mg/kg)	60	60	60	60	60	60
锰 (mg/kg)	100	100	80	100	100	100
锌 (mg/kg)	40	40	40	60	60	60
硒 (mg/kg)	0.20	0.20	0.20	0.30	0.30	0.30
碘 (mg/kg)	0.40	0.30	0.30	0.40	0.40	0.40

注：营养需要量数据以饲料干物质含量87%计。

三、 肉鸭饲料原料

　　鸭的饲料是指能够被肉鸭采食、消化、吸收和利用，提供各种营养物质，用于维持鸭生命活动过程，可促进生长或修补组织、调节肉鸭生理过程的各种物质。

　　鸭是杂食性动物，采食自然界中的各种可饲用物质，种类数量繁多。饲料是肉鸭赖以生存和生产的物质基础。

　　每种饲料各有其特点，所含的能量、粗蛋白质、粗纤维、粗脂肪、矿物质、抗营养物质、有毒有害成分等各有不同，饲料的消化吸收率和营养价值不同，物理性质也差别很大，适宜饲喂的动物有差异，必须了解各种饲料的营养特性和饲用价值，才能更好地利用各种饲料原料。

（一）能量饲料

肉鸭常用能量饲料主要有各种粮食作物籽实、块根、块茎和油脂等，如玉米、小麦、稻谷、大米、大麦、高粱、木薯、植物油、动物油等。

谷实类饲料主要指禾本科作物的籽实。谷实类饲料富含无氮浸出物，一般都在70%以上；粗蛋白含量一般不及10%，但也有一些谷实如大麦、小麦等达到甚至超过12%，谷实蛋白质因其中的赖氨酸、蛋氨酸、色氨酸等含量较少，品质较差；粗纤维含量少，多在5%以内，仅带颖壳的大麦、燕麦、水稻和粟可达10%左右；所含灰分中，钙少磷多，但磷多以植酸盐形式存在，对单胃动物的有效性差；谷实中维生素 E、维生素 B_1 较丰富，但维生素 C、维生素 D 贫乏；谷实的适口性好；谷实的消化率高，因而有效能值也高。正是由于上述营养特点，谷实是动物的最主要的能量饲料。

谷实经加工后形成的一些副产品，包括米糠、小麦麸、大麦麸、玉米糠、高粱糠、谷糠等，是几种主要的糠麸饲料。糠麸由果种皮、外胚乳、糊粉层、胚芽和颖稃纤维残渣等组成。糠麸成分受原粮种类、原粮加工方法和精度影响。与原粮相比，糠麸中粗蛋白质、粗纤维、B族维生素、矿物质等含量较高，但无氮浸出物含量低，故属于一类有效能较低的饲料。另外，糠麸结构疏松、体积大、容重小、吸水膨胀性强，其中多数对动物有一定的轻泻作用。

块根块茎类能量饲料主要包括薯类（甘薯、马铃薯、木薯）、糖蜜、甜菜渣等，饲料干物质中主要是无氮浸出物，粗蛋白质、脂肪、粗纤维、粗灰分等较少或极低。

油脂是一种高能量饲料原料，是供给动物必需脂肪酸的基本原料，能增强饲粮风味，改善饲粮外观。肉鸭对玉米油和大豆油等油脂的代谢能高达 36 MJ/kg。在等能等蛋白条件下，在肉鸭全期生长饲粮中添加 5.6% 的大豆油，相比于鸭油和棕榈油，能获得更好的生产性能，添加鸭油会提高腹脂率和皮下脂肪率。在肉鸭育雏期饲粮中添加 6% 的大豆油，饲喂两周，能显著提高日增重，降低皮脂率和腹脂率，提高瘦肉率。在半番鸭育成期饲粮中添加 3.0% 的鱼油，能显著提高鸭体重以及胸肌中 EPA 和 DHA 的含量。在番鸭饲粮中添加红花油，虽然添加比例 2% 组的胴体重高于 4% 组，但后者的胸肌率和腿肌率更高。

1. 玉米

玉米是使用最广泛、用量最大的能量饲料，可利用能值高。玉米中碳水化合物占 70% 以上，大部分存在于胚乳中，主要成分是淀粉，单糖和二糖较少，粗纤维含量也较少。粗蛋白质含量一般为 7%～9%，品质较差，赖氨酸、蛋氨酸、色氨酸等必需氨基酸含量相对低。粗脂肪含量为 3%～4%，但高油玉米中粗脂肪含量可达 8% 以上，主要存在于胚芽中，主要是甘油三酯，构成的脂肪酸主要为不饱和脂肪酸，如亚油酸占 59%，油酸占 27%，亚麻酸占 0.8%，花生四烯酸占 0.2%，硬脂酸占 2% 以上。鸭对玉米的表观代谢能达到 13.36～13.82 MJ/kg。肉鸭对玉米粉碎粒度适应范围较广（613.4～984.0 μm 均可），在饲料的实际生产过程中，玉米粉碎筛片可选择 5.0 mm（即粉碎玉米质量几何平均粒度为 984.0 μm），该粉碎粒度对肉鸭出栏体重无影响，并能够降低肉鸭料重比。使用玉米配制饲料时，应注意玉米的新陈状态，新玉米颗粒完整、容重大，营养成分更丰富；陈玉米破碎粒较多，脂肪和脂肪酸含量随着储存时间的延长呈下降趋势，脂肪酸值呈上升趋势。使用 30% 陈化玉米替代正常玉米饲喂肉鸭，会导致肉鸭平均日增重和末重下降，但是对料比影响不显著。通过评估新陈玉米的营养水平差异，在保证鸭群正常生长的情况下合理调整饲料中的玉米使用比例，可以节约成本，创造更大的效益。研究表明，在半番鸭填饲期，玉米颗粒与玉米粉的比例从0∶100循序渐进过渡到30∶70，能够显著提高鸭的生产性能，而且禁食时间越短（9 h），肥鸭肝的重量和品质越好。

2. 小麦

小麦的粗蛋白质含量居谷实类首位，一般在12%以上，但必需氨基酸尤其是赖氨酸不足。小麦的无氮浸出物在干物质中可达75%以上，粗脂肪含量低（约1.7%），矿物质含量一般都高于其他谷实，磷、钾等含量较多，但半数以上的磷为无效态的植酸磷。小麦含有较多的非淀粉多糖（NSP），NSP的结构支链多，本身能结合大量的水，使食糜体积增大，黏稠度升高，不利于肉鸭对营养物质的消化利用。因此，在使用小麦时需配合使用NSP酶，尽量降低食糜内容物的黏度。在小麦型基础饲粮中添加木聚糖酶、甘露聚糖酶、β-葡聚糖酶、纤维素酶、淀粉酶等酶制剂，能够促进饲粮中营养物质的充分消化吸收，从而达到较为理想的生产性能。鸭对小麦的表观代谢能略低于玉米，为13.31 MJ/kg，在肉鸭育成期饲料中，小麦可以完全替代玉米。在小麦杂粮型饲粮中，配合使用酶制剂，小麦用量可达配方的40%~45%。在养殖过程中，为了节约商业成品饲料的成本，日粮中可使用15%的小麦颗粒替代商品料，生产性能没有显著差异。在半番鸭的育肥期和填饲期分别使用小麦和黑小麦替代玉米，鸭的体重和饲料转化率影响差异不显著。

3. 稻谷

我国的稻谷产量大，集中在南方地区，稻谷的表观代谢能为11.89 MJ/kg。稻谷中20%的成分是稻壳，稻壳主要是木质素，与纤维素、半纤维素混杂一起，导致稻谷的粗纤维含量高，高达8.2%，而且难以消化。如果直接使用稻谷作为饲料原料，应注意添加促进消化利用的木聚糖酶等。研究表明，饲料配方中稻谷部分或全部替代玉米对肉鸭的生长速度及饲料报酬没有显著影响。

4. 糙米

稻谷去除外壳后获得的糙米和加工精米后的碎米

均可用作肉鸭饲料，鸭对其的表观代谢能为 14.19 MJ/kg 和 13.98 MJ/kg。陈化稻糙米在肉鸭育成期饲粮中完全取代玉米是可行的，可改善肉鸭的生产性能，取代玉米比例 70% 时可获得较好的日增重。随着取代比例增大，肉鸭的商品质量受到影响。糙米的类胡萝卜素含量低，不如玉米的着色效果好，肉鸭的羽毛、胫、皮下脂肪和腹脂色泽由黄逐渐变白。此外，糙米还是一种可以替代玉米的优质填饲期原料，糙米型饲粮肥育的半番鸭肥肝重量显著高于玉米型饲粮，而且两组间肥肝的营养组分差异不显著。

5. 高粱

鸭对高粱的表观代谢能为 12.60 MJ/kg。高粱中含有部分抗营养因子，包括单宁、醇溶蛋白和植酸等，影响了营养物质消化利用。单宁含量过高将导致营养价值和应用效果降低，因此需要配合酶制剂使用。在肉鸭育成期使用高粱豆粕型饲粮，高粱粉碎后平均粒径在 241 ~ 318 μm（筛网孔径在 1.5 ~ 2.5 mm），对肉鸭生长性能影响差异不显著。在半番鸭育肥期和填饲期，饲料中使用低单宁高粱替代玉米，不会对鸭的生产性能产生不利影响，而且会增加肥鸭肝的重量，但会影响肥鸭肝的色泽,高粱组的肥鸭肝黄度显著降低。

6. 小麦麸

小麦在制粉过程中提取小麦粉和胚芽后,获得的主要加工副产品是小麦麸,由种皮、糊粉层、部分胚芽及少量胚乳组成,它的营养价值随胚乳含量升高而提高。小麦麸是中低代谢能值的饲料,代谢能值在6.62~6.99 MJ/kg,比重轻而且体积大。在肉鸭育成期饲粮中使用10%以内的麦麸,同时添加纤维素酶,不会对肉鸭生产性能产生不利影响。适当提高麦麸的含量,会增加肉鸭生长前期消化器官大小,促进肉鸭盲肠发酵,增加对粗纤维的利用率,但同时也降低了能量利用率和其他养分利用率,所以需要添加纤维素酶进行改善。

7. 米糠和米糠粕

米糠是大米加工过程中的副产品,因水稻品种不同和加工技术差异,米糠的品质也会有所变化。肉鸭对米糠的表观代谢能为11.35~11.85 MJ/kg,米糠的粗脂肪含量大,平均值在16.5%~17.5%,因此容易酸败,在配制饲料时应尽量减少存放时间。在肉鸭育雏期,饲料中可使用20%的米糠，添加酶制剂后可以促进米糠的营养物质消化利用，提高表观代谢能和胫骨氮、磷留存率。米糠用量在30%以内对8～28日龄肉鸭的生产性能和屠宰性能不会产生显著影响，大量使用米糠则可能导致肉鸭的腹脂率增加。米糠经过固态发酵后，营养价值更丰富。在使用米糠配制肉鸭饲料时，加入枯草芽孢杆菌，能有效提高肉鸭的平均日增重，降低料肉比和死亡率。

米糠经浸出脱脂处理后获得米糠粕，米糠粕的表观代谢能均值在6.82～7.75 MJ/kg。在肉鸭的育雏期、育成期和育肥期三个阶段，分别使用10%、20%和20%以内的米糠粕，对肉鸭的生长性能无显著影响。在高米糠粕日粮中，通过添加酶制剂（主要成分为β-葡聚糖酶和木聚糖酶）可一定程度地改善番鸭啄羽问题。

8. 棕榈粕

棕榈粕的总碳水化合物含量接近60%，但其中约80%为非淀粉多糖（NSP），并且以β-甘露聚糖为主，粗纤维含量高，所以在使用时需要添加酶制剂。棕榈粕的蛋白质含量仅为14%～21%，部分氨基酸的含量较低，配制饲料时要特别注意氨基酸平衡，特别是蛋氨酸和赖氨酸这两种必需氨基酸。榨油时的加工工艺不同，导致棕榈粕的果壳果皮含量不同，油脂和粗纤维含量变化大，代谢能因此变化范围大。经代谢试验测定，肉鸭对棕榈粕（粗脂肪 9.19% ~ 9.8%，粗纤维 14.82% ~ 22.2%）的表观代谢能为 5.27 ~ 6.83 MJ/kg。将棕榈粕应用在番鸭饲粮中，在使用酶制剂的条件下，1 ~ 21 日龄在 15% 以内，22 ~ 49 日龄在 20% 以内，50 ~ 70 日龄在 25% 以内，对番鸭的生长性能均无不利影响。在半番鸭饲粮中，1 ~ 14 日龄使用 6% 的棕榈粕对生产性能不会造成不利影响；15 ~ 45 日龄使用 15% 的棕榈粕，将会明显影响半番鸭的生长，即使添加甘露聚糖酶，也难以有改善作用。

9. 甘薯

我国甘薯的年产量仅次于水稻、小麦、玉米而居第四位。甘薯除用作粮食、酿造业、淀粉工业等的原料外，还是重要的饲料。新鲜甘薯中水分多，达 75% 左右，甜而爽口，因而适口性好。脱水甘薯块中主要是无氮浸出物，含量达 75% 以上，甚至更高。甘薯中粗蛋白质含量低，以干物质计，仅约 4.5%，且蛋白质品质较差。

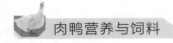

10. 木薯

木薯中含有亚麻苦甙 (氰甙毒素),在酶或弱酸作用下分解产生氢氰酸 (HCN),对动物机体有毒害作用。我国饲料卫生标准 (GB 13078—2001) 中规定,木薯干中氢氰酸最大允许量为 100 mg/kg,其中规定在鸡、猪的浓缩饲料和配合饲料中最大允许量为 50 mg/kg,鸭可参考这一数据。采食未经太阳暴晒或烘干的木薯容易引起中毒,将木薯用切削机切成小片,在晾晒或烘干后用作饲料 (水分要求在 13% 之下),木薯干 (脱水木薯) 中无氮浸出物含量可达 80%。肉鸭对木薯干的表观代谢能为 13.02 MJ/kg,在等能等蛋白的条件下木薯完全替代玉米,育雏期、育成期和育肥期均可使用,配方比例在 47% ~ 56%。对比试验结果表明,木薯豆粕型饲粮的粗纤维含量较高,因此肉鸭的采食量显著提高,体重显著提高,饲料转化率下降。为了解决木薯干体积大、粉尘多和运输成本高的难题,木薯可被直接加工成直径 0.5 ~ 0.8 cm、长度 1 ~ 2 cm 的木薯粒产品。在肉鸭育成期饲料中,作为玉米的替代原料,木薯粒使用比例为 20% 时,能显著提高肉鸭的体重和日增重,日采食量和料肉比差异不显著。木薯提取淀粉后的木薯渣含有氰甙毒素，通过微生物发酵工艺可降低毒素含量。肉鸭在育雏期消化系统发育尚未完全，对木薯渣饲料的消化能力有限，故育雏阶段的发酵木薯渣饲料不可使用过多，3%以内为宜。在育肥期，以发酵木薯渣饲料替代部分全价饲料，用量在12%以内对肉鸭生产性能无显著影响；用量为15%时会降低肉鸭对干物质和磷的利用率；用量在5%时可获得最佳生产性能以及屠宰性能。

11. 油脂

油脂是一种高能量饲料原料，肉鸭对玉米油和大豆油等油脂的代谢能高达36 MJ/kg。在等能等蛋白条件下，在全期生长饲粮中添加5.6%的大豆油，相比于鸭油和棕榈油，肉鸭能获得更好的生产性能，添加鸭油会提高腹脂率和皮下脂肪率。在肉鸭育雏期饲粮中添加6%的大豆油，饲喂两周，能显著提高日增重，降低皮脂率和腹脂率，提高瘦肉率。在半番鸭育成期饲粮中添加3%的鱼油，能显著提高鸭体重以及胸肌中EPA和DHA的含量。在番鸭饲粮中添加红花油，虽然添加比例2%组的胴体重高于4%组，但后者的胸肌率和腿肌率更高。

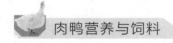

（二）蛋白质补充饲料

蛋白质补充饲料分为植物性蛋白质饲料、动物性蛋白质饲料和微生物蛋白质饲料。常见的植物性蛋白质饲料主要有饼粕类和食品工业的加工副产物，动物性蛋白质饲料主要是水产、畜禽加工、缫丝及乳品业等加工副产品等。

1. 豆类籽实

部分蛋白质含量高的豆类籽实可作为蛋白质饲料原料，常见的豆类籽实有大豆、豌豆和蚕豆等。

大豆蛋白质含量为32%~40%，蛋白质约90%是水溶性蛋白质，氨基酸组成良好，赖氨酸含量较高，但含硫氨基酸较缺乏。大豆脂肪含量高，达17%~20%，其中不饱和脂肪酸较多，亚油酸和亚麻酸可占55%。脂肪的代谢能约比牛油高出29%，油脂中存在磷脂质，占1.8%~3.2%。大豆碳水化合物含量不高，无氮浸出物仅26%左右。其中蔗糖占无氮浸出物总量的27%，水苏糖、阿拉伯木聚糖、半乳糖分别占16%、18%、22%；淀粉在大豆中含量甚微，仅0.4%~0.9%；纤维素占18%。阿拉伯木聚糖、半乳聚糖及半乳糖酸结合而成黏性的半纤维素，存在于大豆细胞膜中，有碍消化。矿物质中钾、磷、钠较多，但60%的磷为不能利用的植酸磷。铁含量较高。维生素与谷实类相似，含量略高于谷实类；B族维生素含量较多，而维生素A、维生素D少。生大豆中存在多种抗营养因子，包括胰蛋白酶抑制因子、血细胞凝集素、抗维生素因子、植酸十二钠、脲酶、皂苷、雌情素、致胃肠胀气因子等，因此一般不直接使用生大豆饲喂动物，常用加工办法为焙炒、干式挤压法、湿式挤压法、爆裂法和微波处理法等。

豌豆风干样粗蛋白质含量在24%左右，含有丰富的赖氨酸，其他必需氨基酸含量都较低，特别是含硫氨基酸与色氨酸。豌豆中含有胰蛋白酶抑制因子、外源植物凝集素、致胃肠胀气因子，不宜生喂。将豌豆或羽扇豆种子直接粉碎后，可部分用于肉鸭饲粮中，要注意控制用量，不要超过10%。

2.饼粕类

饼粕类是鸭配合饲料中的主要蛋白质原料，包含豆粕、豆饼、菜籽饼粕、棉籽粕、花生粕、亚麻籽粕、葵籽粕及其他蛋白质含量较高的各种杂粕。

（1）豆粕是大豆提取油脂后的副产物，是产量和用量最大的植物性蛋白质饲料原料。豆粕的粗蛋白质含量高，平均值在44.2%～47.9%，氨基酸平衡、易消化，是优质的蛋白质饲料，并且代谢能高，为10.34～11.01 MJ/kg。大豆饼粕赖氨酸含量在饼粕类中最高，为2.4%～2.8%。赖氨酸与精氨酸比约为100∶130，比例较为恰当。若配合大量玉米和少量的鱼粉，很适合家禽氨基酸营养需求。异亮氨酸含量是饼粕饲料中最高者，约1.8%，是异亮氨酸与缬氨酸比例最好的一种。大豆饼粕色氨酸、苏氨酸含量也很高，与谷实类饲料配合可起到互补作用。蛋氨酸含量不足，在玉米－大豆饼粕为主的饲粮中，一般要额外添加蛋氨酸才能满足畜禽营养需求。大豆饼粕粗纤维含量较低，主要来自大豆皮。无氮浸出物主要是蔗糖、棉籽糖、水苏糖和多糖类，淀粉含量低。大豆饼粕中胡萝卜素、核黄素和硫胺素含量少，烟酸和泛酸含量较多，胆碱含量丰富，维生素E在脂肪残量高和储存不久的饼粕中含量较高。矿物质中钙少磷多，磷多为植酸磷（约占61%），硒含量低。豆粕中含有部分抗营养因子，如胰蛋白酶抑制因子、大豆凝结素和抗原蛋白等，可以通过发酵或者膨化的方法，降解其中的部分抗营养因子，促进豆粕蛋白质的消化吸收利用。在肉鸭饲粮中添加6%的发酵豆粕替代普通豆粕,可显著降低樱桃谷肉鸭的料重比,提高胸肌率。

（2）菜籽粕富含蛋白质,含量为35.7%~38.6%,氨基酸组成平衡,含硫氨基酸较多,精氨酸含量低,精氨酸与赖氨酸的比例适宜,是一种氨基酸平衡良好的饲料。粗纤维含量较高,为12%~13%,有效能值较低。碳水化合物为不宜消化的淀粉,且含有8%的戊聚糖,雏鸭不能利用。菜籽外壳几乎无利用价值,是影响菜籽粕利用代谢能的根本原因。矿物质中钙、磷含量均高,但大部分为植酸磷,富含铁、锰、锌、硒,尤其是硒含量远高于豆饼。维生素中胆碱、叶酸、烟酸、核黄素、硫胺素均比豆饼高,但胆碱与芥子碱呈结合状态,不易被肠道吸收。菜籽粕的主要抗营养因子是硫甙及其分解物、芥酸、植酸和单宁。国产菜籽粕在15~42日龄肉鸭饲粮中的比例控制在12%以内,双低菜籽粕的比例控制在20%以内。印度菜籽粕因硫甙含量高,在肉鸭的使用量也不宜超过12%。将75%菜籽粕和25%血粉混合,使用植物乳杆菌和枯草芽孢杆菌发酵后能显著降低异硫氰酸酯的含量,可以完全替代豆粕,显著提高体重和血清中免疫球蛋白的含量。

（3）棉籽饼粕是棉籽经预压浸提取油后的棉籽副产品，我国棉籽饼粕的总产量约占各类植物饼粕总产量的30%。棉籽饼粕的粗蛋白质含量为36.3%～47.0%，粗纤维含量主要取决于制油过程中棉籽脱壳程度。氨基酸中赖氨酸较低，仅相当于大豆饼粕的50%～60%，蛋氨酸亦低，精氨酸含量较高，赖氨酸与精氨酸之比在100∶270以上。国产棉籽饼粕粗纤维含量较高，达13%以上，脱壳较完全的棉仁饼粕粗纤维含量约12%。矿物质中钙少磷多，其中71%左右为植酸磷。维生素B_1含量较多，维生素A、维生素D少。棉籽饼粕中的抗营养因子主要为棉酚、环丙烯脂肪酸、单宁和植酸。因含有游离棉酚，对动物健康有不利影响。在使用未经脱毒处理的棉籽饼粕作为饲料原料时，应测定游离棉酚含量，调整其在饲料配方中的使用比例，肉鸭饲粮中总棉酚含量应低于928.9 mg/kg，游离棉酚的含量应低于77.2 mg/kg。考虑到生产性能和屠宰性能指标，肉鸭饲粮棉籽饼粕适宜水平为6%～9%。通过微生物发酵工艺可一定程度地降解棉籽饼粕中的游离棉酚，改善棉籽饼粕的营养价值，提高营养物质利用率。

（4）花生仁饼的粗蛋白质含量约44%，花生仁粕的粗蛋白质含量约47%，蛋白质含量高，但63%是不溶于水的球蛋白，可溶于水的白蛋白仅占7%。氨基酸组成不平衡，赖氨酸、蛋氨酸含量偏低，精氨酸含量4.88%，在植物饼粕中含量是最高的，是良好的精氨酸来源，但是赖氨酸含量低，仅有1.40%，约为大豆粕的50%，赖氨酸与精氨酸之比在100∶380以上，在应用花生仁粕时需要注意氨基酸平衡。花生仁饼粕中含有少量胰蛋白酶抑制因子，极易感染黄曲霉，产生黄曲霉毒素，引起动物中毒。我国饲料卫生标准中规定，花生仁饼粕黄曲霉素 B_1 含量不得大于 0.05 mg/kg。使用花生仁粕时应注意实测黄曲霉毒素的含量，控制用量。

（5）向日葵仁饼粕的营养价值取决于脱壳程度，完全脱壳的饼粕营养价值很高，粗蛋白质含量可达41%～46%，但赖氨酸低，含硫氨基酸丰富。粗纤维含量较高，有效能值低，脂肪含量6%～7%，其中50%～75%为亚油酸。矿物质中钙、磷含量高，但磷以植酸磷为主，微量元素中锌、铁、铜含量丰富。维生素B族、烟酸、泛酸含量均较高。向日葵仁饼粕中的难消化物质，有外壳中的木质素和高温加工条件下形成的难消化糖类。此外，还有少量的酚类化合物，主要是绿原酸，含量为 0.7%～0.82%，氧化后变黑，是饼粕色泽变暗的内因。绿原酸对胰蛋白酶、淀粉酶和脂肪酶有抑制作用，加蛋氨酸和氯化胆碱可抵消这种不利影响。向日葵仁粕因脱壳程度、榨油工艺和抗营养因子含量不同而有差异，一般在 30% ~ 40%。向日葵仁粕中的 NSP 和植酸磷含量高，在使用时应注意配合使用酶制剂。向日葵仁粕中的绿原酸可以与蛋白质结合，降低蛋白质营养价值，抑制消化酶活性，同时绿原酸有一定的抗氧化作用，要注意加工方式，控制含量。用不超过20%的向日葵仁粕替代17 ~ 42 日龄樱桃谷肉鸭饲粮中的豆粕，肉鸭的生长性能和屠宰性能不会受到显著影响。

（6）芝麻饼粕是芝麻经压榨提炼油料后的副产物，粗蛋白质含量高达40%。氨基酸组成中蛋氨酸、色氨酸含量丰富，尤其蛋氨酸高达 0.8% 以上，为饼粕类之首；赖氨酸缺乏，精氨酸极高，赖氨酸与精氨酸之比为 100 : 420，比例严重失衡，配制饲料时应注意。芝麻饼粕中的抗营养因子主要是草酸和植酸，这两种物质影响矿物质元素，尤其是磷的利用。综合考虑动物生长性能和屠宰性能等指标，推荐芝麻饼粕在肉鸭15 ~ 42 日龄的使用量不超过 12%。通过发酵可以显著降低芝麻饼粕中植酸磷的含量，在肉鸭育成期饲粮中，使用4%~8%发酵芝麻饼粕等量或等营养替代豆粕，对平均日增重、料重比没有显著不良影响，而且极显著提高屠宰率和胸肌率。芝麻饼粕发酵后不烘干饲喂的效果优于烘干，湿发酵芝麻饼粕替代饲粮中4.2%的豆粕，对肉鸭生长性能无显著影响，且能增加血液中总蛋白和钙含量，提高肉鸭屠宰性能，改善鸭肉风味。

（7）亚麻籽饼粕的粗蛋白质变化范围在30%~35%，精氨酸含量高，但是赖氨酸和蛋氨酸严重不足，富含色氨酸，精氨酸含量高，赖氨酸与精氨酸之比为100∶250。饲料中使用亚麻籽饼粕时，应添加赖氨酸或搭配赖氨酸含量较高的饲料。亚麻籽饼粕含有生氰糖苷，在适宜条件下与酶发生反应生成氢氰酸，对动物健康有毒害作用；亚麻籽饼粕中的亚麻籽胶在遇水后有较强溶胀能力，形成黏稠溶液，使蛋白质被包裹而不易被动物消化吸收。可以通过发酵工艺显著降低亚麻籽饼粕中的氢氰酸含量，而且显著提高樱桃谷肉鸭对发酵后的亚麻籽饼粕的养分利用率。推荐亚麻籽饼粕在1~21日龄樱桃谷肉鸭中的使用量为10%，用量达到15%时会显著降低21日龄鸭末重和平均日采食量。

（8）玉米蛋白饲料是玉米籽实经食品工业生产淀粉或酿酒工业提纯后制得的副产品，通过水解、分离、浓缩、发酵烘干等程序，蛋白质含量变化范围大，粗蛋白质含量在20%～70%，故在使用时应注意测定其中的水分和粗蛋白质含量，合理调整饲料中的配方比例。在3～5周龄的樱桃谷肉鸭日粮中，粗蛋白质含量为21%的玉米蛋白饲料用量在11%以内，用量在8%时可一定程度改善屠宰性能和胴体品质。

（9）酒糟是淀粉含量高的谷物酿酒后产生的副产物，我国主要有啤酒糟和白酒糟。酒糟呈粉状或细颗粒状，颜色由浅黄色至深褐色，色泽受到原料颜色和比例、加工时烘干温度和时间的影响。在育成期饲粮中使用20%的啤酒糟，对肉鸭的生产性能影响差异不显著；在以可消化氨基酸为基础配制饲粮时，31～59日龄麻鸭饲粮中啤酒糟的适宜水平为15.00%～18.94%。白酒糟的粗蛋白质变化范围大，在13%～30%，可以进行发酵，将外源蛋白氮转化为菌体蛋白，使粗蛋白质含量得到提高。白酒糟在15～42日龄樱桃谷肉鸭饲粮中的推荐使用量为8%～16%，发酵白酒糟在使用量低于20%时对樱桃谷肉鸭的生长性能和屠宰性能无不利影响，并可改善肉鸭的胸肌肉品质。

3. 动物性蛋白质饲料

动物性蛋白质饲料主要是水产、畜禽加工、缫丝及乳品业等加工副产品。

鱼粉是应用最广泛的动物性蛋白质饲料，鱼粉的主要营养特点是蛋白质含量高，一般脱脂全鱼粉的粗蛋白质含量高达60%以上，含有丰富的赖氨酸和蛋氨酸，氨基酸组成齐全、平衡，钙、磷含量高，比例适宜。微量元素中碘、硒含量高，富含维生素 B_{12}、脂溶性维生素 A、维生素 D、维生素 E 和未知生长因子。所以，鱼粉不仅是一种优质蛋白源，而且是一种不易被其他蛋白质饲料完全取代的动物性蛋白质饲料。但鱼粉营养成分因原料质量和加工工艺不同，变异较大。没有脱脂的鱼粉容易因为脂肪酸败而变质变味，储存不当的鱼粉也容易受到细菌污染，故要注意鱼粉的新鲜程度。鱼粉的盐分含量高，使用时要相应减少饲料配方中食盐的比例。在肉鸭饲料中，鱼粉的使用量一般控制在2%～8%。除了鱼粉外，还有羽毛粉、肉骨粉和蚕蛹等也可作为鸭饲料中的动物性蛋白质饲料来源。

（三）青绿饲料

青绿饲料主要包括天然牧草、栽培牧草、青饲作物、叶菜类和非淀粉质根茎瓜类饲料。青绿饲料的水分含量高，蛋白质含量较高，品质较优，有丰富的矿物质和维生素，粗纤维含量较低，钙、磷比例适宜。

常见的豆科牧草有紫花苜蓿、三叶草、苕子、草木樨、紫云英、沙打旺、小冠花、红豆草等，禾本科牧草有黑麦草、黑麦、鸭茅、象草、无芒雀麦、羊草、苏丹草、高丹草等。青饲作物包括青刈玉米、青刈大麦、青刈燕麦和青割豆苗。叶菜类饲料种类很多，除了作为饲料栽培的苦荬菜、聚合草、甘蓝、牛皮菜、猪苋菜、串叶松香草、菊苣、杂交酸模等以外，还有食用蔬菜、根茎瓜类的茎叶及野草野菜等。可用作饲料的水生植物有水浮莲、水葫芦、水花生、绿萍、水芹菜和水竹叶。供作饲料的树叶较多，有苹果叶、杏树叶、桃树叶、桑叶、梨树叶、榆树叶、柳树叶、紫穗槐叶、刺槐叶、泡桐叶、橘树叶及松针叶。非淀粉质根茎瓜类饲料主要是胡萝卜、芜菁、甘蓝、甜菜及南瓜等，此类饲料天然水分含量很高，可达 70%~90%，粗纤维较低而无氮浸出物较高，多为易消化的淀粉或糖分。

鲜嫩的青绿饲料适口性好，因含水量高，要搭配其他饲料饲喂，比例不应过高，否则容易引起肉鸭腹泻或肠炎。饲喂时要注意搭配多样化，选优刈割，适量饲喂，防止青饲料氢氰酸和亚硝酸盐中毒。一般在雏鸭饲粮中，青绿饲料用量不应超过20%，在成鸭饲粮中不应超过30%。

（四）青贮饲料

青贮饲料是指将含水量高的植物性饲料切碎后装入密封容器里，在密闭缺氧条件下通过发酵作用，制成一种具有特殊芳香气味、营养丰富的多汁饲料。常用青贮饲料的原料有许多，如玉米、秸秆、花生秧、苜蓿草和鸭茅等。用作青贮的微生物包括乳酸菌、丁酸菌、腐败菌、酵母菌、醋酸菌和霉菌。一般青贮的发酵过程可分为3个阶段，即好气性菌活动阶段、乳酸发酵阶段和青贮稳定阶段。

青贮饲料能够保存青绿饲料的营养特性，比新鲜饲料更耐储存，而且气味酸香、柔软多汁、营养丰富且适口性佳。青贮料干物质中各种化学成分与原料有很

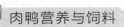

大差别，青贮料中粗蛋白质主要由非蛋白氮组成，这些非蛋白氮主要是游离氨基酸，这些游离氨基酸和脂肪酸使青贮料在养分性质上比青饲料发生了一些改变，提高了营养价值。

（五）粗饲料

粗饲料的体积比较大、难消化、营养价值低。粗饲料的来源非常广泛，种类也较多，如各类秸秆饲料、秕壳饲料、干草、树叶和其他饲用林产品等，不同种类之间品质差异较大。

粗饲料的特点是粗纤维含量高，为25%~45%，不同类型的粗饲料，粗纤维的组成不一，但大多数是由纤维素、半纤维素、木质素、果胶、多糖醛和硅酸盐等组成，可消化营养成分含量较低，有机物消化率在70%以下，质地较粗硬，适口性差。

粗饲料对肉鸭也有促进肠胃蠕动和增强消化力的作用，为了提高粗饲料的营养价值，提升适口性，促进营养物质消化吸收，可以对粗饲料进行有效预处理，常见的处理方法有物理法（剪切、粉碎、浸泡、碾青、蒸煮和微波处理）、化学法（碱处理法、氨处理法、高锰酸钾处理法、酸处理法、氧化剂处理法和复合化学法)和生物法(青贮、黄贮、微贮和微生物处理)。在鸭育成期,饲粮中添加苜蓿草粉6%~9%对鸭的生长性能影响差异不显著,但是能促进肠道发育,包括增加消化器官的重量和改善肠道的形态结构。

(六)常量矿物质饲料

常量矿物质饲料,包括天然生成的矿物质、工业合成的单一化合物以及混有载体的多种矿物质化合物配成的添加剂预混料。

1.钙源性饲料

通常天然植物性饲料中的含钙量与各种动物的需要量相比均不足,特别是对产蛋家禽、泌乳牛和生长幼畜更为明显。因此,动物饲粮中应注意钙的补充。常用的含钙矿物质饲料有石灰石粉、贝壳粉、蛋壳粉、石膏及碳酸钙类等。此外,大理石、白云石、白垩石、方解石、熟石灰、石灰水等均可作为补钙饲料。

钙源饲料很便宜,但不能用量过多,否则会影响钙磷平衡,使钙和磷的消化、吸收和代谢都受到影响。

肉鸭营养与饲料

微量元素预混料常常使用石粉或贝壳粉作为稀释剂或载体，使用量占比较大时，配料时应注意把含钙量计算在内。

2. 磷源性饲料

富含磷的矿物质饲料有磷酸钙类、磷酸钠类、骨粉及磷矿石等，常用的是磷酸氢钙。在利用这一类原料时，除了注意不同磷源有着不同的利用率外，还要考虑原料中有害物质如氟、铝、砷等是否超标。

3. 钠源性饲料

主要通过饲料和食品级食盐、碳酸氢钠、硫酸钠来补充钠。精制食盐含氯化钠99%以上，粗盐含氯化钠为95%。纯净的食盐含氯60.3%，含钠39.7%，此外尚有少量的钙、镁、硫等。碳酸氢钠含钠27%以上，生物利用率高，是优质的钠源性矿物质饲料之一。碳酸氢钠不仅可以补充钠，更重要的是具有缓冲作用，能够调节饲粮电解质平衡和胃肠道pH。夏季在鸭饲粮中添加碳酸氢钠可减缓热应激，防止生产性能下降，添加量一般为0.5%。

硫酸钠含钠32%以上，含硫22%以上，生物利用率高,既可补钠又可补硫,特别是补钠时不会增加氯含量,是优良的钠、硫源之一。在鸭饲粮中添加,有利于羽毛的生长发育,防止啄羽癖。

4.天然矿物质饲料

天然矿物质饲料使用较多的有沸石、麦饭石、稀土、膨润土、海泡石、凹凸棒和泥炭等,这些天然矿物质饲料多属非金属矿物。膨润土具有良好的吸水性、膨胀性功能,可延缓饲料通过消化道的速度,提高饲料的利用率。同时作为生产颗粒饲料的黏结剂,可提高产品的成品率。膨润土的吸附性和离子交换性,可提高动物的抗病能力。

四、 肉鸭饲料添加剂

（一）饲料添加剂的分类及作用

饲料添加剂是指添加到饲料中的各种少量或微量物质，目的是补充饲料原料中提供不足的营养物（如氨基酸、维生素、微量元素），提高饲料的利用率，改善饲料的品质，提高肉鸭生产性能，改进健康状态和产品品质等。饲料添加剂是配合饲料的核心，对于配合饲料的品质提高具有重要作用。

1.饲料添加剂分类

广义的饲料添加剂包括两大类：营养性饲料添加剂和非营养性饲料添加剂。狭义的饲料添加剂指非营养性添加剂，即饲料分类法中的第 8 类。

（1）营养性饲料添加剂：主要是补充饲料原料中供给不足的养分的微量添加物质，有微量元素添加剂、维生素及其类似物添加剂、氨基酸及其类似物添加剂、小肽类添加剂、脂肪酸添加剂、复合营养元素添加剂等，可以是单一养分，也可以是复合养分组成。营养性添加剂除了补充饲料中的不足微量养分外，还具有其他的生物学功能和作用。

（2）非营养性饲料添加剂：非营养性饲料添加剂指主要作用不在于补充饲料不足养分的各种添加剂，主要目的是改进饲料养分利用效果，改善肠道健康状况，提高肉鸭免疫力，提高肉鸭生产性能和鸭产品品质，改善饲料品质和加工性能等，如生长与生理调节剂类、饲料品质改良与保存剂类等。生长与生理调节剂包括肠道健康改进剂、免疫促进剂、酶制剂、酸化剂、微生态制剂、植物提取物与中草药制剂、电解质制剂等。饲料品质改良与保存剂包括抗氧化剂、防霉剂、吸附剂、黏合剂、调味剂等。

2. 饲料添加剂的基本要求

饲料添加剂已被广泛应用于各种畜禽饲料包括肉鸭饲料中，但随着社会发展，人们对食品安全的要求

肉鸭营养与饲料

也越来越高,消费者对使用饲料添加剂表现更多的关注和忧虑,许多国家开始把食品安全作为第一原则,对以往的某些添加剂产品进行重新评估,并针对饲料添加剂安全中存在的矛盾问题和隐患问题,制订出一系列新的相应的政策及法规,禁止在饲料中使用一些可能带来潜在危害作用的添加剂。农业农村部发布的194公告规定,自2020年7月1日起,饲料生产企业停止生产含有促生长类药物饲料添加剂(中药类除外)的商品饲料。

安全可靠、经济有效、效果稳定、环境友好是研究、开发饲料添加剂必须遵循的基本原则和作为饲料添加剂必须具备的特点。

(1)安全可靠:长期使用或在使用期内不会对肉鸭产生急、慢性毒害作用或其他不良影响;在鸭产品中无蓄积或残留量在安全标准之内,其残留及代谢产物不影响鸭产品的质量及人的健康。不得违反国家有关饲料、食品法规定的限用、禁用等规定。

(2)具有明显的效果:饲料添加剂用量低,在产业化中要有较高的生物效价和经济效益。即肉鸭能吸收和利用,并能发挥特定的生理功能;在实际生产中要有明确的提高饲养效果和经济效益。

（3）质量与作用效果稳定：符合饲料加工生产的要求，在饲料的加工与存储中有良好的物理和化学稳定性，与常规饲料组分无配伍禁忌，方便加工、贮藏和使用。在肉鸭养殖中，要表现出效果稳定、高度的可重复性。

（4）环境友好：经肉鸭消化代谢、排出机体后，对植物、微生物和土壤、水源等环境因素无明显负面作用，利于生态与环保。

3. 饲料添加剂的作用

饲料添加剂虽然在饲料中添加量小，但作用明显，具有提高饲料养分利用率，改善肠道健康状况，提高肉鸭免疫力、生产性能和鸭产品品质、饲料品质和加工贮存性能等作用；有利于辅助开发利用各种饲料资源，发挥各种饲料的营养价值潜力。

饲料中添加植酸酶均可不同程度地提高肉鸭消化酶活性和养分利用率。在基础日粮和降低能量蛋白质的饲粮中添加酶制剂，均能提高肉鸭日增重，提高饲料转化率和能量消化率。

酸化剂能够提高消化酶活性，提高对饲料的消化能力。酸化剂能与一些矿物元素形成易被吸收利用的络合物。一些常量和微量元素在碱性环境中易形成不溶性的盐而极难吸收。许多研究都证实铜与酸化剂的添加效果具有相加效应，延胡索酸、柠檬酸或磷酸与铜形成生物效价高的络合物，促进了铜的吸收和保留，同时降低了铜的氧化催化活性。

小肽对饲料中蛋白质和氨基酸的消化吸收有促进作用，能够加速蛋白质的沉积，促进肉鸭体重增加。

酶制剂产品能够提高饲料消化率，提高饲料养分在肉鸭体内的吸收率，从而提高肉鸭生产性能。在肉鸭饲料中添加葡萄糖氧化酶可显著提高肉鸭日增重，降低料肉比并能提高胸肌率、腿肌率和全净膛率，从而改善肉鸭的屠宰性能。

在樱桃谷鸭饲料中添加复合益生素产品能显著提高肉鸭日增重，降低料肉比，对肉鸭的脾脏和胸腺发育有促进作用，并能降低血清内毒素的水平，提高肉鸭的免疫力。在樱桃谷肉鸭饲料中添加丁酸梭菌，能够降低肠道 pH，提高肉鸭血清和肝脏抗氧化能力，促进免疫器官的发育，提高血清中免疫球蛋白的数量，从而提高肉鸭的免疫力。

在肉鸭饲料中添加有机铬，能改善热应激对肉鸭的损伤，显著提高肉鸭总抗氧化能力，显著降低氧化产物的含量，显著改善肉鸭的羽毛评分和步态评分。在饲料中添加天然提取的植物黄酮，不但能降低饲料氧化水平，还能降低动物体内炎症和过敏反应，比化工合成的抗氧化剂更有优势。

在肉鸭饲料中添加甜菜碱，能显著提高热应激下肉鸭的生长性能和生物参数。

在肉鸭饲料中使用各种添加剂产品，除了要考虑它们的效果和经济效益外，也要考虑在加工过程中对饲料产品的稳定和互作作用，要有利于饲料的加工性能和品质稳定。例如肉鸭饲料中常添加油脂等脂肪含量较高的原料，脂肪的氧化酸败以及饲料中金属离子的催化氧化破坏，会引起饲料适口性变差，甚至引起部分维生素的破坏。肉鸭饲料中添加抗氧化剂能有效阻止脂肪的快速氧化酸败。

饲料在储存期间，会因为原料中的一些霉菌或者储存过程产生一些霉菌，损失饲料养分和损害肉鸭健康。常常添加一定量的防霉剂或霉菌毒素吸附剂，以降低损失。

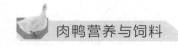

（二）营养性饲料添加剂

天然的各种饲料原料中必需氨基酸、维生素和微量元含量差异很大，并且消化吸收率相对较低，饲料原料中的限制性必需氨基酸、维生素和微量元素供给量一般难于满足肉鸭正常的生长和种鸭产蛋的需要，尤其在集约化饲养条件下肉鸭快速生长和高产蛋量时更显得供应不足，所以要在配合饲料中另外补充氨基酸、维生素和微量元素的供应，用于补充饲料原料中所缺的营养物质。

营养性添加剂是指能够平衡配合饲料的养分，提高饲料利用效率，直接对动物发挥营养作用的少量或微量物质，主要包括矿物元素添加剂、维生素及其类似物添加剂、氨基酸及其类似物添加剂、小肽类添加剂、复合营养元素添加剂等。肉鸭饲料中常用的营养性添加剂主要包括氨基酸、维生素、微量元素和螯合物等。

1. 矿物元素类添加剂

肉鸭饲料中需要补充的微量元素主要包括铁、铜、锌、硒、锰、碘、铬等。微量元素依据化学形态又可分为无机微量元素和有机微量元素形式。

由于化学形式、产品类型、规格以及原料细度不同，饲料中补充微量元素的生物利用率差异很大。硫酸盐的生物利用率较高，因含有结晶水，易腐蚀加工设备。

(1)无机微量元素添加剂：无机微量元素有硫酸盐、盐酸盐、氧化物等形式，通常硫酸盐形式较常用。各种动物的微量元素需要量都是使用无机微量元素开展试验得到的结果，在此基础上无机微量元素作为添加剂使用是实践中的主要手段。

补铁的添加剂包括一水硫酸亚铁、七水硫酸亚铁、碳酸亚铁以及氯化铁，含铁量分别为30%、20%、38%以及20.7%。1~14日龄北京鸭日粮中铁的含量应在71.25~82.80 mg/kg，15~35日龄日粮中铁的含量应在75.00~89.41 mg/kg。

补充铜的添加剂主要包括五水硫酸铜和碱式氯化铜，铜含量分别为25%和58%，此外还有铜的有机螯合物等。1~42日龄樱桃谷肉鸭日粮铜含量不宜超过400 mg/kg。

补充锌的添加剂包括一水硫酸锌、七水硫酸锌、氯化锌、氧化锌以及碳酸锌，锌含量分别为35.5%、

22.3%、48%、72% 和 56%。1～35 日龄肉鸭日粮中锌的最适含量为 91～100 mg/kg。

补硒的添加剂主要为亚硒酸钠，硒含量为 45%。近年来酵母硒应用量在增加。硒可以预防多种疾病，硒缺乏可导致鸭出现骨骼肌坏死、胰腺萎缩等病理变化。饲喂高硒（0.4 mg/kg）日粮组 15～49 日龄樱桃谷肉鸭终末体重和体增重显著高于对照组（0 mg/kg）和极高硒（0.6 mg/kg）日粮组。此外，日粮中补充硒能增加皮下和腹部脂肪的沉积，可知肉鸭饲粮中硒的添加量为 0.4 mg/kg 能获得较好的生长性能。

肉鸭日粮中锰主要来源于四水氯化锰、氧化锰、一水硫酸锰和碳酸锰，锰含量分别为 27.5%、60%、29.5% 和 46.4%。缺锰病鸭生长明显减缓，多见双腿内弯，站立呈"O"字形、跛行，严重病例以跗关节着地行走，剖检多见双侧跟腱内偏甚至滑脱。0～3 周龄肉鸭日粮锰适宜添加量为 85～135 mg/kg。

（2）有机微量元素添加剂：有机微量元素根据配位体包含甘氨酸络合物、赖氨酸螯合物、蛋氨酸螯合物、有机酸络合物、小肽络合物和蛋白盐复合物、酵母有机微量元素等，螯合物是络合物中一种特殊的形式。

螯合物是具有环状结构的配合物，是通过两个或多个配位体与同一金属离子形成螯合环的螯合作用而得到。螯合物在肉鸭饲料中主要为氨基酸微量元素螯合物，是指由某种可溶性金属盐中的一个金属元素离子同氨基酸按一定物质的量比以共价键结合而成。

氨基酸微量元素螯合物进入消化道后可以避免肠腔中拮抗因子及其他影响因子对矿物元素的沉淀或吸附作用，直接到达小肠，并在吸收位点处发生水解，生物活性高于无机微量元素。

氨基酸微量元素螯合物有提高生产性能和抗病力、饲料营养成分表观消化率、动物抗应激能力以及改善畜产品品质等作用。氨基酸微量元素螯合物（甘氨酸螯合 Cu、Zn、Mn）能显著提高 1～42 日龄樱桃谷肉鸭日增重，降低料肉比，提高日粮钙磷代谢率以及 17 种氨基酸和总氨基酸的表观代谢率，显著提高屠宰率，降低皮脂率，提高胸肌粗灰分和肌苷酸含量，同时可降低鸭舍内有害气体的含量。用蛋氨酸铜、铁、锌、锰络合物和同水平的无机微量元素做对比研究，蛋氨酸络合物组 15～74 日龄番鸭饲料报酬提高 5.35%，公鸭和母鸭的增重速度分别提高 2% 和 13%，表明蛋氨酸络合物能提高肉鸭的生长性能和饲料转化率。氨基酸锌可不同程度提高 28～63 日龄建昌鸭的生长性能和免疫性能。

2.维生素类饲料添加剂

维生素主要以辅酶或催化剂的形式参与体内的代谢活动，从而保证机体组织器官的细胞结构和功能正常，以维持动物的健康和各种生产活动。肉鸭饲料中的维生素包括维生素 A、维生素 D（D_3）、维生素 E（生育酚）、维生素 K、硫胺素（B_1）、核黄素（B_2）、吡哆醇（B_6）、维生素 B_{12}（B_{12}）、胆碱、烟酸以及生物素等。

维生素 A 是脂溶性维生素，对热、酸、碱稳定，易被氧化，紫外线可促进其氧化破坏。日粮中维生素 A 缺乏会导致肉鸭体重和采食量降低，以体增重和血清视黄醇含量估计维生素 A 的需要量分别为 2 606 和 4 371 IU/kg。同时日粮维生素 A 和维生素 E 有一定的互作效应，对 0～3 周龄北京鸭来说，10 000 IU/kg 维生素 A 和 10 mg/kg 维生素 E 组合能获得较好的生长性能和屠宰性能。

维生素 D_3 是脂溶性维生素，为一组具有抗佝偻病作用、结构类似的固醇类衍生物总称。在阳光下，动植物机体可以自由合成维生素 D，因而维生素 D 也被称为"阳光维生素"。肉鸭日粮中主要以添加维生素

D_3 为主。1~21 日龄北京鸭维生素 D_3 的适宜添加量为 285~651 IU/kg。

维生素 E 又名生育酚，是脂溶性维生素，包括 α、β、γ、δ 生育酚和 α、β、γ、δ 三烯生育酚 8 类化合物，其中以 α– 生育酚活性最高。日粮中缺乏维生素 E 会降低肉鸭体增重、采食量以及血浆或肝脏中的 α– 生育酚含量。为保证 1~21 日龄北京鸭最佳的生产性能和抗氧化能力，日粮中维生素 E 含量不应低于 10 mg/kg。

维生素 K 又叫凝血维生素，包括 K_1、K_2、K_3、K_4 等几种形式，其中 K_1、K_2 是天然存在的，属于脂溶性维生素；K_3、K_4 是通过人工合成的，是水溶性维生素。在 1~50 日龄北京鸭日粮中添加 2~3 mg/kg 的维生素 K 可以显著提高生产性能，降低啄癖的发生率。

维生素 B_1 是最早被人们提纯的水溶性维生素，由真菌、微生物和植物合成，动物只能由日粮供给。日粮中添加 4 mg/kg 能提高 1~24 日龄北京鸭采食量和料肉比，且生长前期北京鸭对过量维生素 B_1 有一定的代谢能力，即一定范围内，维生素 B_1 过量对生长前期北京鸭没有毒副作用。雏鸭缺乏时精神沉郁，食欲不振，羽毛松乱，下痢，不久出现神经症状，脚软无力，行走或强迫行走时身体失去平衡，常跌撞几步后蹲下或跌倒于地上，两脚朝天或侧卧，同时作游泳状摆动、挣扎，但无力翻身站立起来，有的偏头扭颈或抬头望天或突然跳起，团团打转，严重时导致死亡。

维生素 B_2 又名核黄素，1～14 日龄北京鸭的适宜添加量为 3.32～4.49 mg/kg，1～21 日龄北京鸭公鸭和母鸭的适宜添加量分别为 3.24～5.20 mg/kg 和 3.19～3.84 mg/kg。

维生素 B_6 日粮中缺乏会降低肉鸭体增重，提高料肉比，导致肉鸭发育迟缓。1～28 日龄的北京鸭，日粮中的适宜添加量为 3.17～4.37 mg/kg。

维生素 B_{12} 是唯一含金属元素的维生素，也是唯一需要肠道分泌物帮助才能被吸收的维生素。日粮高维生素 B_{12} 水平（0.05 mg/kg）能显著降低肉鸭的日采食量，提高胸肌率。同时，日粮中添加钴与维生素 B_{12} 有一定的协同作用，可显著提高肉鸭血浆维生素 B_{12} 含量。

胆碱缺乏能明显抑制北京鸭生长发育，表现为从腿骨无力而爬行、胫跗骨关节肿大、跛脚站立不起到死亡的变化趋势，当饲粮胆碱水平达到 1 182 mg/kg 时，胆碱缺乏症能够得到有效缓解。1～21 日龄北京鸭胆碱的适宜添加量为 810～1 048 mg/kg。此外，胆碱的需要量受饲粮蛋氨酸水平的影响，当饲粮蛋氨酸含量为 0.28% 时，胆碱的适宜添加量为 1 448 mg/kg；当蛋氨酸含量为 0.48% 时，胆碱的适宜添加量为 927 mg/kg。

烟酸主要存在于动物内脏、肌肉组织，水果、蛋黄中也有微量存在。肉鸭缺乏烟酸的典型症状为胫跗关节肿大，两腿内弯，严重时跛行，以致瘫痪。色氨酸是烟酸的前体物，当日粮色氨酸水平为 0.17% 时，10～31 日龄肉鸭为达到理想生产性能所需的烟酸为 80 mg/kg。

生物素是合成维生素 C 以及脂肪和蛋白质代谢不可缺少的物质。日粮中生物素缺乏时肉鸭会出现生物素缺乏症（脚裂症），当生物素水平高于 0.15 mg/kg 时，脚裂症得到有效缓解。1～14 日龄北京鸭生物素的适宜添加量为 0.180～0.202 mg/kg。

3. 氨基酸类饲料添加剂

根据侧链基团极性可分为非极性氨基酸（疏水氨基酸）和极性氨基酸（亲水氨基酸）；根据化学结构可分为脂肪族氨基酸、芳香族氨基酸、杂环族氨基酸和杂环亚氨基酸等。

肉鸭饲料中的氨基酸主要包括蛋氨酸（Met）、赖氨

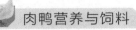

酸（Lys）、苏氨酸（Thr）、色氨酸（Trp）、精氨酸（Arg）
和异亮氨酸（Ile）等。

（三）非营养性饲料添加剂

非营养性饲料添加剂包括两个方面：一方面是对
肉鸭具有生理调节作用的功能性添加剂，能提高饲料
采食量，改善肉鸭肠道健康，提高饲料转化率，促进肉
鸭生长增加体重，调节肉鸭的免疫机能，提高肉鸭的
抗病能力和抗应激能力，降低肉鸭死淘率。目前在肉
鸭生产中应用较为广泛的功能性饲料添加剂主要有酶
制剂、寡肽、寡糖、微生态制剂、中草药以及植物提取
物等。另一方面是改善饲料加工与贮存品质的添加剂，
如防霉剂、抗氧化剂等。

1. 功能性饲料添加剂

（1）酶制剂：酶制剂是一类具有生物催化活性的蛋
白质。饲用酶制剂因安全、无毒无害被称为"绿色添
加剂"，是通过特定生产工艺加工而成的。饲用酶制剂
有单一酶制剂和复合酶制剂。

单一酶制剂根据酶制剂是否参与肉鸭体内消化，

分为消化性酶和非消化性酶。消化性酶是可以由肉鸭消化道自身分泌的酶，主要包括蛋白酶、脂肪酶和淀粉酶。特殊情况下，通过饲料添加主要用于补充内源性消化酶的不足或起强化作用。非消化性酶是指动物本身不能分泌，主要用于消除饲料中的抗营养因子的酶，包括植酸酶、β- 葡聚糖酶、木聚糖酶、甘露聚糖酶、纤维素酶、果胶酶等。

复合酶制剂是由一种或几种单一酶制剂为主体，加上其他单一酶制剂混合而成，或者由一种或几种微生物发酵而获得。

8 日龄前添加淀粉酶、蛋白酶和脂肪酶等外源性消化酶，有利于北京雏鸭对营养物质的消化吸收。

肉鸭小肠中缺少植酸酶和降解植酸的微生物，从而影响饲料中与植酸相结合的磷的消化和吸收，需要添加植酸酶分解植物中的植酸磷。植酸还具有螯合性，能与饲料中的阳离子或蛋白质、氨基酸等其他营养成分以及消化酶结合，降低营养成分的利用率。在种番鸭饲料中添加 0.1% 的植酸酶，不仅增加了种番鸭对钙、磷以及锰、锌、铜、铁等微量元素的消化吸收，还提高了产蛋量，改善了蛋壳硬度、色泽及蛋品质，提高了种公鸭的精液品质以及种蛋的受精率。

大多数植物源性饲料中含有木聚糖、$\beta-$葡聚糖、纤维素等非淀粉多糖，很难被动物消化吸收，还能增加消化道食糜黏度，降低养分的消化率，甚至引发肠道炎症。添加非淀粉多糖复合酶（包含木聚糖酶、$\beta-$葡聚糖酶、甘露糖酶、纤维素酶、淀粉葡萄糖酶、酸性蛋白酶）再加 $\alpha-$半乳糖苷酶，可提高番鸭的蛋白质和有机物的消化率，增加番鸭对养分的吸收利用，从而提高番鸭的生长性能。

雏鸭消化机能不完善，内源性分泌的消化酶不足，需要外源添加蛋白酶、脂肪酶和淀粉酶。在育肥阶段，肉鸭肠道发育相对成熟，能分泌足够的消化酶，若外源添加高剂量的消化酶，反而抑制内源消化酶的分泌，故育肥期应适当控制内源性消化酶的添加量。

应根据饲料原料的特点选择相应的酶制剂。常见的玉米－豆粕型日粮，需要添加植酸酶；若以小麦为基础，应选用木聚糖酶为主的酶制剂；若以大麦为基础，应选用 $\beta-$葡聚糖酶为主的酶制剂；若是高纤维日粮，如含有较多麦麸、米糠等原料时，应选用含纤维素酶、木聚糖酶、$\beta-$葡聚糖酶的酶制剂；若饲料中含有较多棉籽饼（粕）、菜籽饼（粕）等饼粕类原料，应选用含有纤维素酶、$\beta-$葡聚糖酶、果胶酶的酶制剂。

复合酶制剂的作用效果比单一酶制剂的效果好。单一酶制剂之间可能具有相互协同作用，也有可能相互抑制。植酸酶与其他非淀粉多糖酶，β- 葡聚糖酶与果胶酶、α- 半乳糖苷酶，木聚糖酶与 β- 葡聚糖酶、纤维素酶之间具有协同作用，蛋白酶与其他几乎所有酶制剂具有抑制作用。

酶活力是衡量酶制剂产品质量和作用效果的重要指标，酶活力越高，催化的反应速度越快，作用效果越好。影响酶活力的两个重要因素是温度和酸碱度，加工过程与存储过程中要考虑对酶活力的影响。

（2）寡糖：寡糖分为普通寡糖和功能性寡糖，普通寡糖可被消化吸收，如蔗糖、乳糖等；功能性寡糖通常指非消化性低聚糖，目前研究应用较多的有低聚木糖、甘露寡糖、果寡糖、壳寡糖、低聚异麦芽糖、低聚半乳糖等。

肉鸭体内没有消化功能性寡糖的酶，功能性寡糖能一直到达肉鸭消化道后端，作为碳源被双歧杆菌等有益菌利用，使得有益菌大量繁殖。同时，功能性寡糖代谢所产生的酸性物质能降低肠道的 pH，抑制有害菌的生长，改善肠道菌群平衡，从而减少腹泻等消化道疾病的发生。另外，功能性寡糖与致病菌在肠壁上的受体结构类似，并且与细菌表面的植物凝集素有很强的结合能力，能吸附致病菌。致病菌与寡糖结合后，不会附着于肠壁，且不能利用寡糖获取养分，最终因缺少碳源而死亡被排出体外。

功能性寡糖到达消化道后肠被微生物发酵，产生乙酸、丙酸、丁酸和乳酸等有机酸，降低肠道 pH，促进钙、镁、铁等矿物离子的吸收。益生菌发酵还能生成蛋白质、B 族维生素、K 族维生素以及矿物质等营养物质，为肉鸭提供营养。

功能性寡糖可作为一些外源抗原的佐剂，提高 B 淋巴细胞介导的体液免疫和 T 淋巴细胞介导的细胞免疫功能。功能性寡糖本身也具有抗原特性，能刺激机体产生特异性免疫应答反应，提高肉鸭的免疫机能。

功能性寡糖能与霉菌毒素吸附结合，形成多糖—毒素复合物而被排出体外，在饲料中添加甘露聚糖可在一定程度上缓解霉菌毒素的毒性。

如饲料中添加适量的甘露聚糖或大豆低聚糖可提高樱桃谷肉鸭对饲料干物质、粗灰分和蛋白质的利用率，促进樱桃谷肉鸭盲肠乳酸杆菌和双歧杆菌的增殖，并抑制大肠杆菌的繁殖；在樱桃谷肉鸭饲料中添加 0.01% 低聚木糖，能提高樱桃谷肉鸭的生长性能，降低料肉比。

在使用功能性寡糖时要注意添加的浓度，因为功能性寡糖本身是一种可发酵的物质，若添加过量可能会引发腹泻。寡糖具有很强的吸湿性，在饲料加工以及存储、运输过程中要防止饲料吸湿结块。

（3）寡肽：10个以内的氨基酸残基所构成的肽链称为寡肽，是一种具有营养作用和生理活性的蛋白质结构和功能片段。

饲料蛋白质在肉鸭消化道经过各种消化酶的分解作用后，降解为游离氨基酸和寡肽。早期营养理论认为，蛋白质必须降解为游离氨基酸才能被小肠消化吸收。然而现代营养学研究表明，蛋白质被动物消化道分解后主要产物为小肽，且能以完整的小肽形式被肠道吸收，在小肠黏膜的吸收速度比游离氨基酸要快，同时释放出活性肽，参与机体的生命活动，调节动物消化机能和免疫机能。

寡肽具有 pH 依赖性非耗能性钠离子、氢离子交换转运系统，以易化扩散方式进入细胞，转运速度快、耗能低，不易饱和，因此寡肽氨基酸残基比游离氨基酸吸收更快。另外研究表明，寡肽与游离氨基酸两者的吸收机制相对独立，互不干扰，从而能减轻游离氨基酸相互竞争共同吸收位点而产生的吸收抑制,促进氨基酸的吸收,促进蛋白质的合成。

寡肽吸收转运速度比游离氨基酸快,蛋白质的合成效率提高,整体蛋白质沉积率高于相应氨基酸日粮。有些寡肽具有金属结合特性,能促进矿物元素的吸收。某些寡肽具有免疫活性,能刺激消化酶的分泌,提高肉鸭的免疫力,还能促进肠道有益菌的增殖,促进菌体蛋白的合成。

(4)中草药与植物提取物:随着绿色安全、环保高效的饲料资源的需求与开发,中草药与植物提取物成为畜牧业关注的热点。我国中草药发展历史悠久,资源丰富,源自天然植物或动物,毒副作用小,无抗药性,具有多功能性等特点。广义的植物提取物是以中草药等天然植物为原料,利用现代生物或化学提取技术将有效成分进行分离纯化,得到具有明确成分的单一组分或混合组分。

中草药与植物提取物种类繁多,功能各异,根据作用功效分为抗菌消炎类、健胃消食类、促生长类、免疫增强类、驱虫类、抗应激类、促生殖类等。根据提取物活性成分分为植物多酚类、生物碱类、有机酸类、挥发油类、多糖类和植物色素类等。中草药与植物提取物普遍被认为天然、安全、多功能。

天然中草药含有蛋白质、糖、淀粉、维生素、微量元素、矿物质等营养成分。许多中草药提取物为芳香性或辛辣性药物，如肉桂、茴香、姜黄、辣椒等，能刺激动物的肠道蠕动，促进消化，增进食欲。有的中草药及提取物具有抗菌、抗病毒等作用，如金银花、连翘、蒲公英等具有广谱抗菌作用；板蓝根、大青叶、五倍子等具有抗病毒作用；苦参、白鲜皮具有抗真菌的作用。

许多中草药及提取物能提高动物免疫机能，如黄芪、党参、当归、大蒜、肉桂、大蒜等可作为免疫增强剂，提高动物的非特异性免疫功能。有些中草药具有抗应激综合征的功能，如刺五加、人参、延胡索等可提高机体抵抗力。槟榔、百部、南瓜子、乌梅等对蛔虫、姜片虫等寄生虫有驱除作用。

将金莲花、雷丸、罗汉果、樗白皮、苣荬菜、过坛龙、马勃、菊花、青蒿、红花菜、丛枝蓼、南瓜子等12种中草药按比例进行组方，添加到肉鸭饲料中，提高了肉鸭的增重且减少了肉鸭的发病率。在饲粮中添加党参、玄参、杜仲、石斛等中草药添加剂，提高了高邮鸭的产蛋性能，显著改善了鸭蛋的品质。在1日龄樱桃谷肉鸭饲料中添加0.05%大蒜素，对前期

1～14 日龄肉鸭的增重没有显著影响，显著提高肉鸭中后期的日增重，降低全期料肉比。在麻鸭饲料中添加 200 mg/kg 包被肉桂醛，能缓解夏季热应激对麻鸭生长性能、屠宰性能以及抗氧化能力的影响，增加麻鸭绒毛高度和隐窝深度。

（5）微生物添加剂：指一类可通过有益的微生物活菌或相应的有机物质，帮助宿主建立起新的肠道微生物区系，以达到预防疾病、促进生长的添加剂，包括益生素（或称益生菌）、益生元、酵母及其培养物。

利用肠道中某些固有的有益菌群制成微生物活菌制剂添加给肉鸭，可以抑制腐败菌及肠道病原菌，有利于防治消化道疾病。这类微生物制剂即益生素或益生菌，一般通过改善肠道内微生物区系的平衡而对动物起有利作用。可用于肉鸭的益生素通常有乳酸杆菌、双歧杆菌、枯草芽孢杆菌等。实际应用的益生素产品通常为几种不同益生菌的复合制剂。益生素添加剂具有优化肉鸭肠道的微生物区系、提高动物免疫功能、提高饲料转化率和日增重、降低鸭舍臭味等功效。

一类不能被宿主消化吸收，但能选择性地促进宿主消化道有益微生物或饲喂的益生素的活性与生长，调节消化道内有益于健康的优势菌群的构成和数量，从而对宿主的健康和生长发挥有利作用，这类成分即益生元。比较典型的益生元如低聚果糖、低聚木糖等。也可与益生素一起制作为益生素 – 益生元复合制剂，以促进益生素和内源性益生菌的定植和生长，增进宿主的健康。

酵母菌是一种重要的真菌，人类对其已有较长使用历史。酵母菌发酵时能产生大量的代谢产物（营养代谢物、酶类、未知营养因子等），而且酵母细胞富含氨基酸、维生素和寡糖等成分，因此酵母及其培养物（代谢产物）也可作为肉鸭微生物添加剂，从而为消化道微生物提供丰富的营养物质，改善肠道菌群组成，进而有望提高肉鸭生长性能、健康状况以及肌肉品质。

2. 饲料加工与品质改进添加剂

肉鸭饲料原料和配合饲料在运输和贮存过程中，饲料养分会因各方面因素的影响而受到破坏，甚至有可能产生或转变为有毒有害物质。特别是在一些预混料、米糠、饼粕等饲料产品和原料中，更易被氧化和受到霉菌污染。我国南方地区肉鸭养殖量较大，在夏季高热高湿的气候条件下，这种损失尤其严重。因此，在肉鸭饲料生产中均广泛使用饲料加工与品质改进添加剂。饲料加工与品质改进添加剂有 500 多种，其中普遍使用的是防霉剂和抗氧化剂。

（1）抗氧化剂：抗氧化剂的主要作用是防止饲料中脂肪的氧化酸败变质。含维生素的预混料中也需要添加，从而防止维生素的氧化失效。

乙氧基喹啉 (EMQ) 为黄褐色黏稠液体，是一种人工合成的抗氧化剂，也是目前国内应用最普遍、效果较好的抗氧化剂。在脂肪类饲料中，EMQ 的添加用量一般为 0.05% ~ 0.1%；在维生素 A、维生素 D 等饲料添加剂中使用量为 0.1% ~ 0.2%；在全价配合饲料中的添加量一般在 50 ~ 150 g/t。EMQ 的缺点是产品在储存过程中色泽会越来越深，在肉鸭预混料中大量使用会影响饲料的色泽。欧盟在 2017 年停止在动物饲料中添加使用 EMQ，但是可以在单一维生素、鱼粉、色素原料生产中添加使用，主要是由于欧盟食品安全委员会（EFEA）汇总研究数据发现残留在 EMQ 中的某些成分具有致癌遗传毒性。美国 FDA 规定配合饲料中 EMQ 的最高浓度为 150 g/t。

其他常见的抗氧化剂还有二丁基羟基甲苯 (BHT) 和丁基羟基茴香醚 (BHA)。BHT 能有效地延缓油脂的氧化酸败，稳定性高，且遇热效果不受影响。BHA

为白色结晶粉末，基本无臭无味，对热相当稳定，接触金属离子后不显色，抗氧化效果良好。二者用量一般为 60～120 g/t，在油脂中的用量为 100～1 000 g/t。美国 FDA 规定，BHT 的用量不得超过饲料中脂肪含量的 0.02%。

（2）防霉剂：防霉剂可以降低饲料中微生物的数量，控制代谢和生长，抑制霉菌毒素的产生，预防饲料贮存期间营养成分的损失，防止饲料发霉变质，延长饲料的贮存时间。防霉剂的种类较多，可分为单方和复方两大类，单方防霉剂包括丙酸及其盐类、甲酸及甲酸钙、山梨酸及其盐类、柠檬酸和柠檬酸钠、富马酸二甲酯等。复方防霉剂常用的由 92% 海藻物、4% 碘酸钙、4% 丙酸钙组成，除防霉效果较好外，最大特点是增加了海藻物中各种微量元素如钙、铁、锌等。在饲料中主要使用的是丙酸及其盐类、山梨酸及其盐、苯甲酸及苯甲酸钠。

丙酸是一种有腐蚀性的有机酸，为无色透明液体，易溶于水。丙酸盐包括丙酸钠、丙酸钙和丙酸钾。丙酸及其盐类都是酸性防霉剂，具有较广的抗菌谱，对霉菌、真菌、酵母菌等都有一定的抑制作用，毒性很低，是动物正常代谢的中间产物，各种动物均可使用，是公认的经济而有效的防霉剂。

　　苯甲酸和苯甲酸钠都可以抑制微生物细胞中呼吸酶的活性，从而使微生物的代谢受到阻碍，有效抑制多种微生物的生长和繁殖，且对动物的生长和繁殖均无不良影响。一般饲料中苯甲酸钠的使用量不超过0.1%。

　　为了克服单一型防霉剂腐蚀性与刺激性的缺点，防霉剂已由单一型向复合型转变。同时，肉鸭饲料中应根据季节以及饲料原料水分含量灵活使用防霉剂。影响防霉剂作用效果的因素有很多，如防霉剂的溶解度、饲料环境的酸碱度、水分含量、温度、饲料中糖和盐类的含量等。

　　一般防霉剂与抗氧化剂一起使用，形成完整的防霉抗氧化体系，才能有效地确保和延长饲料的储存期。

五、 饲料卫生与质量控制

饲料为畜禽正常生长活动和最佳生产性能提供所需的营养物质。与此同时，在饲料的生产、加工、贮存、运输等过程中可能出现某些有毒有害物质，会对畜禽带来诸多危害和不良影响，一方面降低饲料的营养价值，影响畜禽的健康和生产性能；另一方面，严重的会引起畜禽急性或慢性中毒，甚至导致死亡。饲料也是诸多病原菌、病毒或毒素的重要传播源。环境中的有毒有害物质，如农药、兽药、激素、放射性元素等通过饲料或饮水等各种形式摄入畜禽体内，最终通过畜禽产品的形式进入人体。

（一）抗营养因子与有毒有害物质

饲料源性有毒有害物质主要是指来源于动物性饲

肉鸭营养与饲料

料、植物性饲料、矿物质饲料和饲料添加剂中的有害物质，包括饲料原料本身存在的抗营养因子，以及饲料原料在生产、加工、贮存、运输等过程中发生理化变化产生的有毒有害物质。

1. 饲料中的抗营养因子

饲料中某些影响营养成分吸收、消化和利用的物质称为抗营养因子。植物在生长过程中会受到环境胁迫作用，例如虫害、恶劣天气等，植物的自我保护机制可以保护植物免受胁迫因子的侵害，抗营养因子是此类自我保护机制的成员，是植物自我调控作用的必要成分。因此，抗营养因子存在于大部分的植物性饲料中。

肉鸭饲料中除了玉米、豆粕等常规原料之外，还经常用到各类非常规饲料原料，包括农作物及经济作物副产物、木本饲料等。这些饲料原料中往往含有较多的抗营养因子或有毒化学成分。肉鸭饲料中常见的抗营养因子有硫代葡萄糖苷、棉酚、单宁、植酸、胰蛋白酶抑制因子、阿拉伯木聚糖、$\beta-$葡聚糖、环丙烯类、脂肪酸、凝集素、左卡那碱、皂素等。

（1）硫代葡萄糖苷简称硫苷，是十字花科、白花菜科等植物中的一类重要的次生代谢产物,水解产物硫氰酸盐、异硫氰酸盐、噁唑烷硫酮(OZT)和腈等均有抗生物活性。不同类型油菜种子中,硫甙的含量各不相同。硫甙作为菜籽粕的主要抗营养因子,本身并不具有毒性,只是水解产物有毒性。硫氰酸酯、异硫氰酸酯和噁唑烷硫酮可引起甲状腺形态学和功能的变化,例如,异硫氰酸酯和硫氰酸酯中的硫氰离子(SCN⁻)是与碘离子(I⁻)的形状和大小相似的单价阴离子,在血液中含量多时,可与I⁻竞争,浓集到甲状腺中去,抑制了甲状腺滤泡浓集碘的能力,从而导致甲状腺肿大。对三水白鸭饲粮中添加6%以上的菜籽粕,会降低三水白鸭的生长性能和饲料利用性能(日增重降低,料重比提高),同时导致三水白鸭甲状腺、肝、肾脏发生病变。含0~12%菜籽粕的饲粮对3~5周龄樱桃谷鸭的生长性能、甲状腺重量及甲状腺指数无显著影响,当含量达到15%时,会显著降低生长性能。因此,菜籽粕虽然是一种优质的蛋白质饲料来源,但其中的硫甙等抗营养因子对肉鸭产品安全造成一定的危害。培育"双低"油菜品种是解决菜籽饼粕去毒和提高营养价值的根本途径。

(2)棉酚又称棉毒素,是棉籽中色素腺体所含的一

肉鸭营养与饲料

种黄色多酚色素,含量约占棉籽饼干物质量的 0.03%,有游离棉酚和结合棉酚两种存在形式。通常将棉酚和氨基酸或其他物质结合的棉酚称结合棉酚,把具有活性羟基和活性醛基的棉酚称游离棉酚。对畜禽有毒性作用的是游离棉酚,棉酚被家畜摄入后,大部分在消化道中形成结合棉酚由粪中直接排出,只有小部分被吸收。游离棉酚的排泄比较缓慢,在体内有明显的蓄积作用,长期采食会引起慢性中毒。游离棉酚进入体内后溶于脂质,在神经细胞中积累而使神经系统机能发生紊乱;还能够破坏睾丸的生精上皮,导致精子畸形、死亡,甚至无精子,从而影响雄性动物的生殖机能。肉鸭游离棉酚中毒的表现为喙爪颜色变白,体重下降,甚至导致瘫痪或呼吸困难。当日粮中游离棉酚含量高于 218 mg/kg 时,会明显降低三水白鸭的日采食量以及日增重,同时提高料重比,饲料报酬随游离棉酚含量的升高而降低。对 15~40 日龄的樱桃谷鸭饲喂 25%以上含量的棉籽粕时,生长性能显著下降,并且降低了机体内的蛋白质沉积率,弱化了抵抗力。建议肉鸭饲粮中棉籽粕含量应低于 8%。

(3)非淀粉多糖(NSP)是谷物饲料的主要抗营养因子,溶于水后粘附性提高,影响动物的正常消化,阻碍

126

营养物质的吸收。NSP 是细胞壁的重要组成成分，包括纤维素、半纤维素和果胶多糖。纤维素构成细胞壁的骨架；半纤维素为细胞壁间质的组成成分，包括阿拉伯木聚糖、β-葡聚糖、甘露糖等；果胶多糖为细胞间黏结物，包括聚半乳糖醛酸等。β-甘露聚糖是非淀粉多糖的一种，动物摄入后易导致生长生产性能、表观代谢能和养分消化率的降低，又因其黏性和可发酵性，动物往往排泄出不正常的黏性粪便。棕榈粕含有大量的 β-甘露聚糖，饲喂含有棕榈粕的日粮，会显著降低 1~49 日龄番鸭十二指肠和空肠的肠道消化酶（脂肪酶、淀粉酶、蛋白酶）的活性。

（4）植酸即肌醇六磷酸酯，谷类籽实外层（麦麸、米糠等）中的含量比较高，一般以单盐或复盐的形式存在于饲料中。植酸是一种很强的螯合剂，能与多种金属离子（Cu^{2+}、Fe^{2+}、Zn^{2+}、Ca^{2+}、Mn^{2+} 等）形成难溶且稳定的植酸盐络合物，从而影响动物肠道对其吸收利用。植酸广泛存在于植物体中，其中禾谷类籽粒和油料种子中含量丰富，它是植物籽实中肌醇和磷酸的基本贮存形式。肉鸭饲料中存在植酸时，会影响肉鸭对饲料中磷的吸收，两者形成植酸磷。因肉鸭机体无法自身合成或利用植酸酶，从而导致大量的磷不能被利用。植酸是芝麻粕的主要抗营养因子，给樱桃谷肉鸭饲喂含12%以上芝麻粕饲粮时，日采食量增加，腹脂率显著增加，但日增重显著下降，料重比显著增加。动物体内缺少内源性植酸酶系统，难以利用饲料中的植酸磷，为提高植物性饲料中植酸磷的可利用性，并降低或消除植酸对钙、锌等元素利用率的不良影响，一般以在饲料中添加植酸酶的形式来消除植酸的抗营养作用。

（5）单宁是广泛存在于各种植物组织中的一种多元酚类化合物。植物单宁的种类繁多，结构和属性差异很大，通常分为可水解单宁和结晶单宁两大类。谷物饲料中高粱籽粒的单宁含量较高，含量因品种不同而变动范围很大，中国高粱的单宁平均含量为0.982%。高粱的单宁主要存在于种皮中。单宁可与蛋白质发生多种交联反应，与胶体蛋白质结合形成不溶性的复合物，使蛋白质从分散体系中沉降出来；与高铁盐发生颜色反应，呈现蓝色或绿色；与某些生物碱作用生成沉淀；与维生素、果胶、淀粉及无机盐金属离子作用，生成复合体。单宁可与口腔中的糖蛋白结合，形成不溶物，产生苦涩味，影响动物的采食量。同时，可水解单宁和结晶单宁均能明显抑制单胃动物体内胰蛋白水解酶、β- 葡萄糖苷酶、α- 淀粉酶、β- 淀粉酶和脂肪酶活性，因而降低饲料中干物质、能量和蛋白质以及大多数氨基酸的消化率。进入消化道后，单宁还可与消化道黏膜蛋白结合，形成不溶性复合体排出体外，使内源氮排泄量增加。单宁可减少绍鸭的消化酶的分泌量，降低绍鸭对 16 种氨基酸的利用率，同时降低了各日龄绍鸭的平均体重。在肉鸭标准基础日粮上添加 0.16% ~ 0.24% 单宁，能显著降低肉鸭的日增重。标准基础日粮同时添加单宁和氰化钾时，显著降低了代谢能，单宁的作用大于氰化钾。木薯叶因为含有单宁而限制了其作为饲料的使用。

（6）粗纤维又被称为膳食纤维，是衡量饲料产品品质的关键指标之一，因使用受限被视为抗营养因子。适量的粗纤维有助于提高肉鸭的生长和生产性能，起到促进肠道蠕动及发育、维持肠道微生物稳定、预防异食癖等作用。

（7）胰蛋白酶抑制因子主要存在于大豆、豌豆、菜豆和蚕豆等豆科籽实及其饼粕中。胰蛋白酶抑制因子进入动物消化系统，与胰蛋白酶结合生成复合物，使胰蛋白酶不能作用于蛋白质，从而使动物消化系统不能很好地消化分解蛋白质。此外，胰蛋白酶抑制因子也会导致机体内的蛋白质的内源性消耗。胰蛋白酶抑制因子对动物的健康影响主要是引起动物的胰腺增生和肿大，同时降低动物的生长性能。

（8）草酸又名乙二酸，以游离态或盐类形式广泛存在于植物中。在植物组织中，草酸盐大部分以酸性钾盐、少部分以钙盐的形式存在。前者为水溶性，后者为不溶性。草酸盐在消化道中能和二价、三价金属离子如钙、锌、镁、铜和铁等形成不溶性化合物，不易被消化道吸收，因而降低这些矿质元素的利用率。大量草酸盐对胃肠黏膜有一定的刺激作用，可引起腹泻，甚至引起胃肠炎。可溶性的草酸盐被大量吸收入血后，能与体液和组织内的钙结合成草酸盐的形式沉淀，导致低钙血症，从而严重扰乱体内钙的代谢。动物长期摄入可溶性草酸盐，草酸盐从肾脏排出时，由于形成的草酸钙结晶在肾小管腔内沉淀，可导致肾小管阻塞性变性和坏死，从而使尿道结石的发病率增高。可在富含草酸盐的饲料中添加钙剂，以减少肉鸭对草酸盐的吸收，减轻危害。

2. 饲料中有毒有害物质

饲料中有毒有害物质的种类及来源十分复杂，植物性饲料中所含有的用于维持植物本身正常生长发育的部分特殊物质，对于植物本身是无害的，但是作为饲料被动物摄入后可能对动物有害而无益。另外，饲料在生产、贮藏及运输过程中所产生或受到外来污染的对动物生长发育、对人体健康或对环境产生危害的物质，均为有毒有害物质。按照来源分类，分为生物性来源有毒有害物质、化学性来源有毒有害物质以及饲料自身有毒有害物质。

（1）生物性来源：生物性来源有毒有害物质主要是饲料在整个流通过程中因为霉变而产生的一些霉菌毒素以及外来入侵的一些有害微生物。

霉菌毒素是由真菌产生的一类有毒代谢产物。我国饲料中主要存在的霉菌毒素有黄曲霉毒素、玉米赤霉烯酮、赭曲霉毒素A、呕吐毒素、伏马霉素等。黄曲霉毒素主要存在于发霉的花生、玉米、谷类等中，由黄曲霉和寄生曲霉的次级代谢产物产生。黄曲霉对畜禽和人体有强烈的致癌作用，主要损害机体肝脏，导致肝细胞发生变性、坏死，病鸭表现出肝功能异常、全身出血、消化机能失调等。当肉鸭采食霉变的饲粮后，采食量下降，排泄异常稀粪，随后出现头颈倾歪、转圈等神经症状，通过解剖发现心脏、肝脏、脾脏发生严重病变，鸭群死亡率升高。

玉米赤霉烯酮，即 F-2 毒素，由粉红镰刀菌产生，主要污染玉米以及谷类，具有雄性激素的作用，会提高肉鸭的雄性激素水平，对动物的生殖系统有损害作用，对妊娠动物会造成流产或胎儿畸形。玉米赤霉烯酮还作用于神经系统，动物通常表现出兴奋不安的症状。

赭曲霉毒素主要由曲霉和青霉产生，其中赭曲霉毒素 A（OTA）是最为常见且毒性最大的一种赭曲霉毒素。鸭是家禽中对 OTA 最敏感的动物，OTA 主要造成肉鸭肝脏和肾脏的损伤，能引发畜禽肝、肾及淋巴器官出现严重出血病灶甚至死亡等症状。长期低剂量接触会引起动物的慢性中毒，导致生长缓慢、免疫机能下降，引发肝脏及肾脏的癌变等。

T-2 毒素广泛存在于谷物中，作用于动物的胸腺、骨髓、肝、脾、淋巴结等，危害动物的消化、神经、免疫和生殖系统。此外，还有沙门菌、葡萄球菌、变形杆菌等致病菌，均对动物的健康造成威胁。

大肠杆菌，又称大肠埃希菌，是家禽细菌性传染病的致病菌之一，肉鸭通过食用大肠杆菌污染的饲料，引起多种炎症疾病，例如肝周炎、卵黄性腹膜炎、心包炎、输卵管炎等，还会引起腹泻、败血症等，严重的造成肉鸭死亡。其他非致病性菌例如芽孢杆菌、梭菌等会引起饲料腐败变质，间接导致肉鸭健康生长发育受到威胁，均属于有毒有害物质。

（2）化学性来源：化学性来源有毒有害物质主要来源于化学品污染，可能来自饲料加工过程，也存在人为添加。这些物质不仅对畜禽产品的质量和产量产生不良影响，同时也会通过食物链传给人。

过度使用农药不仅会对植物产生不利影响，还会污染环境，毒性成分残留在植物内，从而对肉鸭以及人类产生严重危害。

饲料添加剂、抗生素等药物的过量使用是近年来的热点问题，不良商家为提高经济效益而选择过量使用药物，导致部分病原微生物产生抗药性或肉鸭二次感染。

重金属铜、锌、砷等制剂，与肉鸭体内蛋白质结合形成难以被消化吸收的物质，部分会通过粪便排泄出体内，污染环境。

还有多环芳烃类、N-亚硝基化合物、亚硝酸盐等会引起肉鸭癌症的有毒有害化合物。

（3）饲料自身携带的有毒有害物质：饲料自身携带的有毒有害物质，主要存在于植物性饲料中，这些物质对于植物本身是无害的，但被动物摄入时，会对动物的健康造成伤害。此类物质主要以化合物的形式存在于饲料中。例如，氰化物，其产物氢氰酸会在动物体内经过一系列反应，抑制动物组织吸收氧，导致"细胞内窒息"而引起中毒现象。对于含氰苷的饲料，一般采用浸泡法、加热蒸馏法作去毒处理。

由此可见，大部分有毒有害物质以饲料为载体进入肉鸭体内，对肉鸭以及人类健康造成直接的伤害，部分毒害物质也会通过分泌系统排出体外，污染环境。

（二）质量监测与控制

饲料原料及配合饲料产品在采收、加工、贮存过程中营养成分和质量会发生变化。配合饲料的生产也对每一种原材料的质量有一定要求，有些原料质量不稳定，有的原料可能存在污染与掺假现象。

1. 饲料质量监测指标

饲料质量的好坏可通过一系列质量指标来加以反映，这些指标是多方面的，大体包括以下四个方面：一般性状、营养成分、加工质量和卫生质量。对这些指标的分析与检测方法主要有化学测定法、物理测定法和生物测定法等。

（1）物理与感官指标：感官指标主要指饲料的外观、是否霉变和污染、色泽、气味、形态、比重、粒度、干燥程度、是否有异物及其大概比例等。通过感官指标可以初步鉴别饲料是否新鲜。这些指标关系到饲料的新鲜度、营养价值、适口性、贮存期限。感官检查快速便捷，有利于为饲料的接收、存放、使用提供依据。水分是一项简单但又十分重要的指标，水分过高的产品，不仅影响其稳定性和耐贮藏性，而且容易导致霉变、生虫。

（2）营养成分和有效成分含量：饲料的常规营养成分包括水分、粗蛋白质、粗脂肪、粗纤维、粗灰分和无氮浸出物，是反映饲料基本营养成分的常用指标。每种饲料原料由于特性不同，检测的成分有所差异。对于蛋白质原料要进行氨基酸含量测定，以评价蛋白质的品质。对于油脂含量高的饲料原料要对脂肪酸含量进行监测分析，来确定油脂品质。此外，饲料中的各种矿物质、微量元素与维生素的含量必要时也要进行测定，以利于改进饲料添加剂的使用量。常用的检测方法为化学分析法，并结合高效液相色谱和气相色谱的方法。此外，近年来，近红外光谱分析技术通过近红外光谱反映被测物质的组成成分、浓度及物化性质，可检测液体、固体、粉末、纤维等多种物质形态，在饲料检测诸多技术中脱颖而出，可进行饲料营养价值的快速评定。

（3）加工质量指标：加工质量主要包含饲料粉碎粒度、混合均匀度、颗粒质量（硬度、粒径、长度、含粉率、糊化度、在水中的稳定性等）和一些其他指标（如杂质含量等）。常用的监测方法为物理性质分析法和显微镜检法。

（4）卫生质量指标：卫生质量大体包括两方面的内容，一是饲料中某些非营养性添加剂，如抗生素、生长促进剂等属于药物性的成分；另一类是饲料中含有的或者混杂污染的有毒有害成分（如饲料中本身含有的抗营养因子、重金属、有害微生物和霉菌毒素、农药残留）。常用的监测方法包括生物学检测、液相色谱和薄层层析、气相色谱、原子吸收光谱等。

2. 饲料质量控制

饲料产品的质量关系到动物生产性能的发挥和畜牧、水产养殖业的经济效益，关系到肉蛋等动物产品的数量与质量，关系到环境保护与资源的有效利用。饲料原料、生产中的每个关键环节的质量保证、质量控制和最终产品的质量监督都必须伴随、依靠检测分析，分析检测技术水平的高低决定着饲料的质控效果。

（1）饲料原料的接收控制：优质饲料原料是生产安全饲料的前提。饲料原料质量受多种因素的影响，如产地、品种、原料加工工艺、贮藏条件以及掺假等。尽可能选用来自无公害生产基地生产的原料，以确保原料符合生产安全畜产品标准。为保证原料质量，要对每批原料进行抽验检测。同时，不要选用品质不稳定的饲料原料。有些饲料原料因加工方法不同或者品种和产地不同而造成营养成分含量波动较大。此外，添加剂因为载体不同、原料品质有差异而导致营养素不平衡，最终影响禽类健康和产品质量。

（2）饲料原料抗营养因子含量控制：肉鸭配合饲料原料常用到各种非常规饲料，某些饲料原料中含有抗营养因子，如亚麻饼粕（生氰糖苷）、棉籽饼粕（棉酚）、菜籽粕（硫甙）等，可对动物体造成多种危害和影响，降低饲料的营养价值，影响动物生产性能，甚至造成动物死亡。亚麻籽饼在 1~21 日龄肉鸭饲粮中的用量以低于 10% 为宜，超过 10% 会降低鸭生长性能。棉籽粕（游离棉酚含量为 413.23 mg/kg）在 15～42 日龄樱桃谷肉鸭中的使用量不应超过 8%。双低菜籽粕（硫甙含量为 25.1 μmol/g）在樱桃谷小鸭（6～20 日龄）中的用量为低于 10%，菜籽粕（硫甙含量为 160 μmol/g）在 15～40 日龄樱桃谷肉鸭中的用量应控制在 5% 以内。饲喂含有抗营养因子的饲粮时，可通过物理加热、微生物发酵、加入酶制剂等手段来降低抗营养因子对鸭造成的损害。

（3）饲料中霉菌毒素污染控制：饲料原料在生产、加工、运输及储存过程中容易滋生霉菌，发生霉变。霉菌不仅污染饲料，而且消耗饲料中的营养物质，更会对畜禽产生严重危害。雏鸭对黄曲霉毒素（AFB_1）较为敏感，研究表明，1～21 日龄樱桃谷肉鸭饲喂 AFB_1 污染的饲粮（AFB_1 含量分别为 0、25、50、100 μg/kg）可显著降低肉鸭平均日增重，降低胸腺、脾脏和法氏囊的相对重量，并且降低小肠绒毛高度和绒毛高度 / 隐窝深度。1～21 日龄小鸭饲喂黄曲霉变饲料（AFB_1 含量为 12.5、50 μg/kg）出现肝肾病变，即使 22 日龄撤换无霉变饲料，病变在 45 日龄也难于恢复，造成不可恢复性伤害。雏公鸭采食 OTA 含量为 2.11～8.44 μg/g 的饲料后，出现采食量和日增重降低的现象，并且出现肾脏肿大, 肾小球、肾小管变性、坏死和细胞脱落, 集合管坏死等病理变化。给雏鸭灌服纯品 OTA, 可改变肠道微生物组成, 破坏肠道屏障, 增加肝脏相对重量, 造成细菌移位, 最终导致肝脏炎症的发生。

鉴于霉菌毒素对鸭的危害, 应采取合理的措施进行防控。首先, 从源头把控饲料原料的品质, 严格控制饲料的水分含量, 一般要求玉米、高粱、稻谷等的含水量应不超过 14%; 大豆及其饼粕、麦类、糠麸类、甘薯干、木薯干等的含水量应不超过 13%; 棉籽饼粕、菜籽饼粕、向日葵饼粕、亚麻仁饼粕、花生仁饼粕、鱼粉、骨粉及肉骨粉等的含水量应不超过 12%。其次, 注意饲料产品的包装、贮存与运输、添加防霉剂。另外, 还可以采取物理法、化学法和吸附法等措施进行脱霉处理。

(4)饲料重金属污染控制: 饲料中重金属虽然满足了畜禽品种生长的需要, 达到饲料特定的效果, 但重金属超标严重影响了禽畜产品的质量安全和环境安全, 对消费者的生命健康和环境保护造成了严重危害。危害人体健康的化学物质有 400 多种, 主要是铅、汞、镉、砷等。这些有毒物质, 通过动物性食品的富集作用使人中毒。对生鲜鸭组织中重金属污染情况调查发现，肝脏、肾脏和鸭血中各项重金属超标非常严重，肝脏和肾脏铜超标率达 77.8% 和 76.2%，鸭血和鸭肾中铅超标率达 74.2% 和 76.2%，鸭肾砷超标率达 61.9%。鸭心和鸭肠重金属污染情况较其他脏器轻微，各项污染超标率在 8.3%~34.6% 之间。鸭腿肉和胸肉超标率最低，在 2.8%~13.9% 之间，处于可接受水平。预防有毒重金属元素污染饲料的主要措施有：加强农用化学物质的管理，减少重金属向植物体内的迁移，限制使用含铅、铬等有毒重金属元素的饲料加工工具；在饲粮中合理使用维生素 C、维生素 B_1、维生素 B_2 等。

（三）常用饲料原料的质量标准

饲料用玉米、高粱、小麦、稻谷、大麦、碎米、小麦麸等参照有关标准，这里仅叙述以下几种。

1. 鱼粉

感官要求鱼粉外观呈淡黄色、棕褐色、红棕色、褐色或青褐色粗粉状，稍有鱼腥味，纯鱼粉口感有鱼肉松的香味。不得含沙及鱼粉外的物质，无酸败、氨臭、虫蛀、结块及霉变，水分含量不超过 12%，挥发性氨氮

(氨态氮)不超过0.3%。鱼粉质量指标和分级标准如表5-1。

表5-1　　　　鱼粉质量指标和分级标准　　　　（%）

质量指标	进口鱼粉	国产鱼粉		
		1	2	3
粗蛋白质	≥63.0	≥55.0	≥50.0	≥45.0
粗脂肪	<10.0	<10.0	<12.0	<14.0
粗灰分	<16.0	<23.0	<25.0	<27.0
粗纤维	<1.5	<2.0	<2.0	<2.0
盐分	<3.0	<3.0	<4.0	<5.0

2. 血粉

感官指标要求血粉为褐色或黑褐色粉末，色泽新鲜，无霉变、腐败、结块、异味及异臭。水分含量不超过11%。血粉为健康动物的新鲜血液经脱水粉碎或喷雾干燥后的产品，不得掺入血液以外的物质。鱼粉质量指标如表5-2。

表5-2　　　　鱼粉质量指标和分级标准　　　　（%）

质量指标	含量
粗蛋白质	≥80.0
粗灰分	<4.5
粗纤维	<1.0
胃蛋白酶消化率	≥90.0

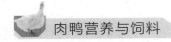

3. 羽毛粉

羽毛粉为深褐色或浅褐色粉末状，无发霉、腐败、结块、氨臭及异味，水分含量不超过 10%，不得有羽毛以外的物质。羽毛粉质量指标如表 5-3。

表 5-3　　　羽毛粉质量指标和分级标准　　　（%）

质量指标	含量
粗蛋白质	≥ 80.0
粗灰分	< 4.5
胃蛋白酶消化率	≥ 90.0

（四）饲料卫生标准

肉鸭饲料卫生标准主要参考 GB/T 13078-2017，包括以下几个方面：无机物污染、霉菌毒素污染、植物中天然存在的毒素、有机氯污染以及微生物污染。

1. 无机物污染卫生标准

饲料中的无机物污染，主要包括重金属类和亚硝酸盐。饲料中的重金属主要来源于三个方面：下水道排污淤泥作为化肥残留在农作物中、受重金属污染的矿物质预混料以及使用含汞的鱼粉。在采集到的 25 个家禽预混料样品中，有约 48% 的样品至少一种重金属超过 2002/32/EC 限量的污染标准；在 30 个添加了无机矿物质的全价料中，有 7% 的样品受到至少一种重金属的污染。表 5–4 为饲料中无机物污染的卫生标准。

表 5–4　　饲料中无机污染物的卫生标准

序号	项目	产品名称		限量	试验方法
1	总砷（mg/kg）	饲料原料	干草及其加工产品	≤ 4	GB/T 13079
			棕榈仁饼（粕）	≤ 4	
			藻类及其加工产品	≤ 40	
			甲壳类动物及其副产品（虾油除外）、鱼虾粉、水生软体动物及其副产品（油脂除外）	≤ 15	
			其他水生动物源性饲料原料（不含水生动物油脂）	≤ 10	
			肉粉、肉骨粉	≤ 10	
			石粉	≤ 2	
			其他矿物质饲料原料	≤ 10	
			油脂	≤ 7	
			其他饲料原料	≤ 2	
		饲料产品	添加剂预混合饲料	≤ 10	
			浓缩饲料	≤ 4	
			配合饲料	≤ 2	

续表

序号	项目		产品名称	限量	试验方法
2	铅（mg/kg）	饲料原料	单细胞蛋白饲料原料	≤ 5	GB/T 13080
			矿物质饲料原料	≤ 15	
			饲草、粗饲料及其加工产品	≤ 30	
			其他饲料原料	≤ 10	
		饲料产品	添加剂预混合饲料	≤ 40	
			浓缩饲料	≤ 10	
			配合饲料	≤ 5	
3	汞（mg/kg）	饲料原料	鱼、其他水生生物及其副产品类饲料原料	≤ 0.5	GB/T 13801
			其他饲料原料	≤ 0.1	
		饲料产品	配合饲料	≤ 0.1	
4	镉（mg/kg）	饲料原料	藻类及其加工产品	≤ 2	GB/T 13082
			植物性饲料原料	≤ 1	
			水生软体动物及其副产品	≤ 75	
			其他动物源性饲料原料	≤ 2	
			石粉	≤ 0.75	
			其他矿物质饲料原料	≤ 2	
		饲料产品	添加剂预混合饲料	≤ 5	
			浓缩饲料	≤ 1.25	
			配合饲料	≤ 0.5	

144

续表

序号	项目	产品名称		限量	试验方法
5	铬（mg/kg）		饲料原料	≤ 5	GB/T 13088–2006（原子吸收光谱法）
		饲料产品	添加剂预混合饲料	≤ 5	
			浓缩饲料	≤ 5	
			配合饲料	≤ 5	
6	氟（mg/kg）	饲料原料	甲壳类动物及其副产品	≤ 3 000	GB/T 13803
			其他动物源性饲料原料	≤ 500	
			蛭石	≤ 3 000	
			其他矿物质饲料原料	≤ 400	
			其他饲料原料	≤ 150	
		饲料产品	添加剂预混合饲料	≤ 800	
			浓缩饲料	≤ 500	
			配合饲料	≤ 200	
7	亚硝酸盐（以 $NaNO_2$ 计）（mg/kg）	饲料原料	火腿肠粉等肉制品生产过程中获得的前食品和副产品	≤ 80	GB/T 13085
			其他饲料原料	≤ 15	
		饲料产品	浓缩饲料	≤ 20	
			配合饲料	≤ 15	

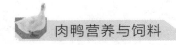

2. 霉菌毒素卫生标准

由于环境因素特别是热带条件下，真菌的增值和霉菌毒素的产生自然增加。此外，在饲料运输、加工和销售过程中，下游加工（如收割不当、储存不当和条件不理想）也有助于真菌的生长，增加霉菌毒素引起的主要食品变质的风险。由于真菌无处不在的特性，真菌毒素越来越引起卫生组织的关注，因为它们在食品中的出现不能被忽视，而且已经对消费者构成风险。据联合国粮农组织和世界卫生组织审查，世界上 25%的农作物，如坚果、谷物和大米，都受到霉菌和真菌生长的污染。动物摄入霉菌毒素后，可引发一系列的有害生理反应，如拒食、消化不良、免疫抑制、组织器官损伤甚至癌症等。引起鸭不良反应的霉菌毒素主要有黄曲霉毒素（AFB_1）、赭曲霉毒素 A（OTA）、玉米赤霉烯酮（ZEA）、脱氧雪腐镰刀烯醇（呕吐毒素，DON）、T-2 毒素和伏马毒素。表 5-5 为饲料中霉菌毒素的卫生标准。

表 5-5　　　饲料中霉菌毒素污染的卫生标准

序号	项目	产品名称		限量	试验方法
1	黄曲霉毒素（μg/kg）	饲料原料	玉米加工产品、花生饼（粕）	≤ 50	NY/T 2071
			植物油脂（玉米油、花生油除外）	≤ 10	
			玉米油、花生油	≤ 20	
			其他植物性饲料原料	≤ 30	
		饲料产品	雏鸭浓缩饲料	≤ 10	
			肉用仔鸭后期、生长鸭、产蛋鸭浓缩饲料	≤ 15	
			肉用仔鸭后期、生长鸭、产蛋鸭配合饲料	≤ 15	
2	赭曲霉毒素 A（μg/kg）	饲料原料	谷物及其加工产品	≤ 100	GB/T 30957
		饲料产品	1～21 日龄肉鸭配合饲料	<125	
			配合饲料	≤ 100	
3	玉米赤霉烯酮（mg/kg）	饲料原料	玉米及其加工产品（玉米皮、喷浆玉米皮、玉米浆干粉除外）	≤ 0.5	NY/T 2071
			玉米皮、喷浆玉米皮、玉米浆干粉、玉米酒糟类产品	≤ 1.5	
			其他植物性饲料原料	≤ 1	
		饲料产品	1～49 日龄北京鸭	≤ 0.06	
			配合饲料	≤ 0.5	

续表

序号	项目	产品名称		限量	试验方法
4	脱氧雪腐镰刀烯醇（呕吐毒素）（mg/kg）	饲料原料	植物性饲料原料	≤ 5	GB/T 30956
		饲料产品	1 ~ 49 日龄北京鸭	≤ 6	
			配合饲料	≤ 1	
5	T–2 毒素（mg/kg）	植物性饲料原料		≤ 0.5	NY/T 2071
		1 ~ 6 周龄北京鸭（连续饲喂）		≤ 0.4	
		1 ~ 3 周龄北京鸭（连续饲喂）		≤ 0.6	
		配合饲料		≤ 0.5	
6	伏马毒素（B_1+B_2）mg/kg	饲料原料	玉米及其加工产品、玉米酒糟类产品、玉米青贮饲料和玉米秸秆	≤ 60	NY/T 1970

（1）黄曲霉毒素：1 ~ 42 日龄肉鸭饲喂黄曲霉毒素含量为 20 μg/kg 饲粮，可降低末重、平均日增重和料重比，增加肝脏和肾脏的相对重量，血清 AST、ALT 含量升高，降低粗蛋白质表观消化率，降低十二指肠蛋白酶、糜蛋白酶和胰蛋白酶活性。饲粮中 AFB_1 含量为 2.45 μg/kg 时，对 1 ~ 35 日龄樱桃谷肉鸭生长性能无显著影响，但 AFB_1 含量达 25.33 μg/kg 时可显著降低生长性能并且导致肝脏损伤。

（2）赭曲霉毒素 A：1 日龄北京鸭饲喂 OTA 污染的饲粮（OTA 含量分别为 125、250、500、1 000 和 2 000 μg/

kg)21 d，当 OTA 含量达到 125 μg/kg 时，对鸭生长性能、空肠抗氧化和空肠形态无显著影响，但可以增加血清 MDA 的含量；当 OTA 含量达到 250 μg/kg 时，可显著降低血清 T-AOC 酶活活性，增加血清 MDA 含量。推荐 OTA 在 1～21 日龄北京鸭饲料中的含量为不超过 125 μg/kg。

（3）玉米赤霉烯酮和脱氧雪腐镰刀烯醇：1～49 日龄北京鸭饲喂含不同浓度的玉米赤霉烯酮（ZEA，6～63 μg/kg 饲粮）和脱氧雪腐镰刀烯醇（呕吐毒素，DON，0.1～7.3 mg/kg 饲粮），ZEA 和 DON 含量分别在 60 μg/kg 和 6.0 mg/kg 以内时，对鸭生长性能无显著影响。推荐 1～49 日龄北京鸭饲粮中 ZEA 和 DON 含量应不高于 60 μg/kg 和 6.0 mg/kg。

（4）T-2 毒素：1 日龄北京鸭饲粮中 T-2 毒素含量不超过 0.4 mg/kg 时，连续饲喂 42 d，对鸭生长性能无显著影响；1 日龄北京鸭饲粮中 T-2 毒素含量不超过 0.6 mg/kg 时，连续饲喂 21 d，对鸭生长性能无显著影响。

（5）伏马毒素：1～63 日龄鸭采食 28 mg/kg 伏马毒素（FB_1）饲粮，对生长性能无显著影响；当 FB_1 含量达 32 mg/kg 时可显著降低生长性能，并增加肌胃、脾脏和肝脏的相对重量。

3. 天然植物毒素卫生标准

饲料中的天然植物毒素主要指的是饲料中的抗营养因子。这些物质能够影响营养成分吸收、消化和利用，甚至造成动物中毒。肉鸭饲料中常见的抗营养因子有氰化物、棉酚、硫甙等。当日粮中游离棉酚含量 ≤ 218 mg/kg 时，三水白鸭 1 ~ 11 日龄及 1 ~ 21 日龄生长全期的 ADFI、ADG 均差异不显著。当日粮中游离棉酚含量 ≥ 218 mg/kg 时，降低三水白鸭的 ADFI、ADG，增加 F/G，并且增加肝脏相对重量。推荐游离棉酚在 1 ~ 21 日龄三水白鸭饲粮中的含量应低于 218 mg/kg。表 5-6 为饲料中天然植物毒素的卫生标准。

表 5-6　　　　饲料中天然植物毒素的卫生标准

序号	项目	产品名称		限量	试验方法
1	氰化物（以 HCN 计）（mg/kg）	饲料原料	亚麻籽（胡麻籽）	≤ 250	GB/T 13084
			亚麻籽（胡麻籽）饼、亚麻籽（胡麻籽）粕	≤ 350	
			木薯及其加工产品	≤ 100	
			其他饲料原料	≤ 50	
		饲料产品	配合饲料	≤ 50	

序号	项目	产品名称		限量	试验方法
2	游离棉酚（mg/kg）	饲料原料	棉籽油	≤ 200	GB/T 13086
			棉籽	≤ 5 000	
			脱酚棉籽蛋白、发酵棉籽蛋白	≤ 400	
			其他棉籽加工产品	≤ 1 200	
			其他饲料原料	≤ 20	
		饲料产品	1～21日龄三水白鸭配合饲料	≤ 218	
			配合饲料（产蛋鸭除外）	≤ 100	
3	异硫氰酸酯（以丙烯基异硫氰酸酯计）（mg/kg）	饲料原料	菜籽及其加工产品	≤ 4 000	GB/T 13087
			其他饲料原料	≤ 100	
		饲料产品	配合饲料	≤ 150	
4	噁唑烷硫酮（以5-乙烯基-噁唑-2-硫酮计）（mg/kg）	饲料原料	菜籽及其加工产品	≤ 2 500	GB/T 13089
		饲料产品	蛋鸭配合饲料	≤ 500	

4.有机氯污染物卫生标准

在谷物生产中使用的化学药品多，如除草剂、杀虫剂、杀真菌剂等。美国食品药品监督管理局（FDA）的调查结果显示，500份以上的家畜饲料样品中，只有

16.1% 的样品未检测出农药残留，其中最常检出的有
机氯农药残留有滴滴涕（DDT）、多氯联苯、DDE、狄
氏剂、五氯硝基苯等。在家畜产品中以残留物形式出
现的有机氯农药表明某些已经禁用的产品仍然在继续
使用，因这些农药是脂质化合物，最终在食物链中浓
缩并在脂肪中蓄积。表 5-7 为饲料中有机氯污染物的
卫生标准。

表 5-7   饲料中有机氯污染物卫生标准

序号	项目	产品名称		限量	试验方法
1	多氯联苯(PCB，以 PCB 28、PCB 52、PCB 101、PCB 138、PCB 153、PCB 180 之和计)（μg/kg）	饲料原料	植物性饲料原料	≤ 10	GB 5009.190
			矿物质饲料原料	≤ 10	
			动物脂肪、乳脂和蛋脂	≤ 10	
			其他陆生动物产品，包括乳、蛋及其制品	≤ 10	
			鱼油	≤ 175	
			鱼和其他水生动物及其制品（鱼油、脂肪含量大于 20% 的鱼蛋白水解物除外）	≤ 30	
			脂肪含量大于 20% 的鱼蛋白水解物	≤ 50	
		饲料产品	添加剂预混合饲料	≤ 10	
			浓缩饲料、配合饲料	≤ 10	

序号	项目	产品名称		限量	试验方法
2	六六六（HCH，以 α–HCH、β–HCH、γ–HCH 之和计）（mg/kg）	饲料原料	谷物及其加工产品（油脂除外）、油料籽实及其加工产品（油脂除外）、鱼粉	≤ 0.05	GB/T 13090
			油脂	≤ 2.0	GB/T 5009.19
			其他饲料原料	≤ 0.2	GB/T 13090
		饲料产品	添加剂预混合饲料、浓缩饲料、配合饲料	≤ 0.2	
3	滴滴涕（mg/kg）	饲料原料	谷物及其加工产品（油脂除外）、油料籽实及其加工产品（油脂除外）、鱼粉	≤ 0.02	GB/T 13090
			油脂	≤ 0.5	GB/T 5009.19
			其他饲料原料	≤ 0.05	GB/T 13090
		饲料产品	添加剂预混合饲料、浓缩饲料、配合饲料	≤ 0.05	
4	六氯苯（HCB）（mg/kg）	饲料原料	油脂	≤ 0.2	SN/T 0127
			其他饲料原料	≤ 0.01	
		饲料产品	添加剂预混合饲料、浓缩饲料、配合饲料	≤ 0.01	

5.微生物污染卫生标准

饲料中微生物污染的情况主要包括霉菌污染和细菌污染。饲料污染霉菌，将导致霉菌毒素的产生，从而危害动物健康。饲料细菌污染主要针对大肠杆菌和沙门菌。被沙门菌污染的家禽及其他产品可以经食物链传播给人，造成食物中毒，甚至死亡。据统计，微生物性食物中毒的报告起数和中毒人数最多，均占总数的 50% 左右，其中沙门菌占细菌性食物中毒的 70%~80%。我国每年因鸡肉导致的沙门菌食物中毒的发病人数达 300 多万人次，其中近半数与生鸡肉的交叉污染有关，主要原因是肉鸡中沙门菌污染率高。沙门菌在成年家禽体内主要以隐性感染存在，通常不表现出明显的临床症状而长期带菌垂直传播。目前，我国防控沙门菌的核心方法仍是种群净化，以防止病原进入种禽场生产链导致后代禽群受感染人的食物中毒。种鸭养殖产业集约化、规模化发展，易发生沙门菌及大肠杆菌混感，给养殖企业造成不可挽回的经济损失。雏鸭感染大肠杆菌和沙门菌后，剖检可见浆膜炎、包心包肝、脾脏出血坏死，肝脏肿大出血。饲料微生物污染卫生指标见表 5-8。

表 5-8　　饲料中微生物污染物的卫生标准

序号	项目	产品名称	限量	试验方法
1	霉菌总数（CFU/g）	饲料原料	谷物及其加工产品	$\leqslant 4 \times 10^4$	
			饼粕类饲料原料（发酵产品除外）	$\leqslant 4 \times 10^3$	
			乳制品及其加工副产品	$\leqslant 1 \times 10^3$	GB/T 13092
			鱼粉	$\leqslant 1 \times 10^4$	
			其他动物源性饲料原料	$\leqslant 2 \times 10^4$	
2	细菌总数（CFU/g）	动物源性饲料原料	$\leqslant 2 \times 10^6$	GB/T 13093
3	沙门菌（25 g 中）	饲料原料和饲料产品	不得检出	GB/T 13091

六、 肉鸭配合饲料技术

（一）配合饲料的种类与用途

配合饲料是指在养殖动物的不同生长阶段、不同生理要求、不同生产用途的营养需要，以及以饲料营养价值评定的实验和研究为基础，按科学配方把多种不同来源的饲料，依一定比例均匀混合，并按规定的工艺流程生产的饲料。

1. 按照肉鸭饲养生长阶段分类

依据肉鸭饲养阶段主要分为雏鸭开口料、小鸭料、中鸭料和大鸭料。例如，樱桃谷白鸭一般分为雏鸭开口料（1～5 日龄）、小鸭料（5～15 日龄）、中鸭料（15～30 日龄）和大鸭料（30 日龄至上市）。由于各地养殖习惯和养殖模式差异比较大，养殖阶段的划分和饲料品种的划分有很大差异。南方地区习惯在整个养殖过程中使用两个阶段的饲料：小鸭料（1~15日龄）和大鸭料（15~45日龄）；北方地区特别是苏北和鲁南地区旱养鸭较多，养殖阶段分三个阶段：小鸭料（1~12日龄），中鸭料（12~28日龄）和大鸭料（28~40日龄）。随着白鸭品种的改良和生产性能的提高，养殖过程阶段划分逐步向两个阶段演变。

2. 按照肉鸭品种分类

肉鸭配合饲料在目前精细化市场需求中也有很多类，如专门针对旱鸭养殖的旱养白鸭料，针对麻鸭养殖的麻鸭料，针对番鸭养殖的番鸭料和番鸭着色料，还有针对潮汕地区的半番鸭料（所谓半番鸭，即番鸭公鸭和樱桃谷母鸭杂交的地方品种，该品种不能产蛋，不分公母）。

3. 按配合饲料的组成分类

（1）添加剂预混料：由多种饲料添加剂加上载体或稀释剂按配方制成的均匀混合物。它的专业化生产可以简化配制工艺，提高生产效率。基本原料添加剂大体可分为营养性和非营养性两类。前者包括维生素类、微量元素类、必需氨基酸类等；后者包括促生长添加物如抗生素等，保护性添加物如抗氧化剂、防霉剂等，促消化类如酶制剂等。添加剂中除含上述活性成分外，也包含一定量的载体或稀释物。由一类饲料添加剂配制而成的称单项添加剂预混料，如维生素预混料、微量元素预混料；由几类饲料添加剂配制而成的称综合添加剂预混料或简称添加剂预混料。

饲料添加剂或添加剂预混料中的载体，是一种能接受和承载粉状活性成分的可食性物料，表面粗糙或具有小孔洞。常用的载体为粗小麦粉、麸皮、稻壳粉、玉米芯粉、石灰石粉等。稀释剂也是可食性物料，但不要求表面粗糙或有小孔洞。二者的作用都在于扩大体积和有利于混合均匀。

(2)浓缩饲料：又称平衡配合料或维生素—蛋白质补充料，由添加剂、预混料、蛋白质饲料和钙、磷以及食盐等按配方制成，是全价配合饲料的组分之一。须加上能量饲料组成全价配合饲料后才能饲喂，配制时必须知道拟搭配的能量饲料成分，方能保证营养平衡。不过目前肉鸭浓缩饲料很少见。

(3)全价配合饲料：由浓缩饲料配以能量饲料制成。

能量饲料多用玉米、高粱、大麦、小麦、木薯、油脂等，蛋白类原料以豆粕、菜籽粕、棉籽粕、DDGS 等，再配合部分农副产品，如次粉、麸皮、米糠、米糠粕等原料。随着生物发酵工艺的进步，酶制剂研发和使用也使一些非常规原料得到合理使用，如棕榈粕、椰子粕、葵花仁粕等。

4. 按照配合饲料形状分类

可以分为粉状料和颗粒料，目前小鸭料以破碎料或小粒径颗粒料为主，粒径 2.3～2.8 mm。中鸭料和大鸭料以大颗粒为主，一般粒径 3.5～4.2 mm。

（二）配合饲料的配方设计

肉鸭配合饲料指根据肉鸭各生理阶段对营养物质的需求，应用各种计算法或配方软件将多种原料配合起来，能满足肉鸭生长需要的全价饲料。配合饲料是无须添加其他成分而直接饲喂给肉鸭的全价日粮。

1. 肉鸭饲料配制遵循的基本原则

（1）科学合理与优化原则：肉鸭饲养标准是肉鸭配

合饲料养分组成的依据,因此,饲料配方必须根据饲养标准所规定的营养物质需要量的指标进行设计。在选用的饲养标准基础上,可根据饲养实践中动物的生长或生产性能等情况做适当的调整。一般按动物的膘情或季节等条件的变化,对饲养标准作适当的调整。根据肉鸭各阶段的营养需要和饲养标准,设定营养指标的上下限值,然后选择合适的原料并设定原料用量限值,再根据制定营养指标标准进行优化规划,使配方达到最优化状态。优化目标就是达到营养需求前提下成本最低,也可以是按预期生长目标达到最佳生长性能。优化方法依据数学计算模型的不同,有线性规划、多目标规划、模糊规划等。

设计饲料配方应熟悉所在地区的饲料资源现状,根据当地饲料资源的品种、数量以及各种饲料的理化特性和饲用价值,尽量做到全年比较均衡地使用各种饲料原料,依据肉鸭的采食习性,注意饲料的品质、饲料的容积、饲料的适口性。

(2)经济实用原则:在养鸭生产中,饲料成本占养殖总成本的70%~80%。因此,在保证肉鸭生长条件下,应充分选择价格合算的原料,也可以就地取材,配制出成本低廉的配合饲料。常用的有利于降低成本的原料包括棕榈粕、葵花仁粕、麦麸、酒精粕、蛋白淀粉渣、酱油渣、棕榈油等。饲料原料成本是否合算，可依据原料的养分含量及原料价格计算影子价格和灵敏度分析，并根据市场行情来评定原料价值并进行相应选用。

(3)安全性与合法原则：饲料安全关系到鸭群健康，更关系到食品安全和人民健康。因此，配合饲料需严格按照饲料卫生标准和产品标准的要求，把霉菌总数和霉菌毒素、重金属、细菌总数等控制在合理范围。同时，要遵循国家法律法规，严格遵循饲料添加剂用量限制和许可范围，守法使用添加剂，违禁添加剂不能用于配合饲料中。严格按照抗生素允许范围进行添加。自2020年7月1日起，国家正式禁止抗生素应用于饲料中。为了保证鸭肠道健康，可以选择有机酸化剂、植物提取物、中链脂肪酸，选择抗原低的原料等方法替代抗生素。

小鸭对黄曲霉毒素非常敏感，GB 13078-2017饲料卫生标准中雏禽配合饲料的黄曲霉毒素 B_1 限定值为 10 μg/kg，可抽测小鸭配合饲料的黄曲霉毒素 B_1 值，同时配方尽量选择不含或少含黄曲霉毒素 B_1 的原料。发霉玉米和其他发霉原料坚决杜绝用于小鸭配合饲料；花生粕因原料被污染或储存不当，黄曲霉毒素 B_1 常常

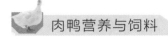

高达 100 μg/kg 以上，使用时一定要小心。

由于肉鸭饲料中使用非常规饲料较多，应注意各种抗营养因子的负面作用，控制用量。

（4）逐级预混原则：为了提高微量养分在全价饲料中的均匀度，原则上讲，凡是在成品中的用量少于1%的原料，均首先进行预混合处理。混合不均匀就可能造成动物生产性能不良，整齐度差，饲料转化率低，甚至造成动物死亡。

2. 配合饲粮时必须掌握的资料

设计饲料配方必须具备下述几种资料，才能着手进行计算：

（1）肉鸭的品种、生产阶段及相应的营养需要量（饲养标准）。

（2）拥有的饲料原料种类、质量规格，所用饲料的营养物质含量（饲料成分及营养价值表）及其用量限制。

（3）饲料的价格与成本，在满足肉鸭营养需要的前提下，应选择质优价廉的饲料以降低成本。

（4）饲喂方式、饲粮的类型和预期采食量。饲粮类型与其组成和养分的含量有关。即所设计的配方是配合饲料，还是浓缩饲料、精料、预混料等。如果是配合饲料，它是用于限制饲喂还是自由采食？应了解所配产品的类型。

在设计配方时，应使动物能够采食到所需要的数量，因为饲粮中各种养分所需浓度取决于采食量。

3. 配合饲料的设计方法

肉鸭配合饲料的设计方法有试差法、配方软件法等。试差法是手工计算的方法，也可借 Excel 和 WPS 的电子表格开展计算。在商业饲料厂，多用快速、简便，含有多种功能的配方软件法，常用的配方软件包括 Format、Bestmix、Brill 等。对于没有优化饲料配方软件系统的小企业或肉鸭养殖企业（户），可以采用电子表格法计算饲料配方。

（1）饲料配方设计基本步骤：饲料配方设计有多种方法，但设计步骤基本类似，一般按以下5个步骤进行。

①明确目标。不同的目标对配方要求有所差别。目标可以包括整个产业的目标、养鸭场的目标和某批肉鸭的目标等不同层次。目标含以下方面：单位面积收益最大、肉鸭上市收益最大、达到最快生长速度、使

整个集团收益最大、对环境的影响最小、生产符合要求的羽毛。

随养殖目标的不同，配方设计也必须作相应的调整，只有这样才能实现各种层次的需求。

②确定肉鸭的营养需要量。国内外的肉鸭饲养标准可以作为确定营养需要量的基本参考。由于养殖场的情况千差万别，品种和生产性能各异，加上环境条件的不同，因此在选择饲养标准时不应生搬硬套，而是在参考标准的同时，根据当地的实际情况，进行必要的调整。稳妥的方法是先进行试验，在有了一定的把握的情况下再大面积推广。

肉鸭采食量是决定营养供给量的重要因素，虽然对采食量的预测及控制难度较大，但季节的变化及饲料中能量水平、粗纤维含量、饲料适口性等是影响采食量的主要因素，供给量的确定不能忽略这些方面的影响。

③选择饲料原料。即选择可利用的原料并确定养分含量和对动物的利用率。原料的选择应是适合动物的习性并考虑生物学效价（或有效率），要综合考虑营养价值、抗营养因子含量和组成、适口性等因素合理选择和搭配。

④饲料配方。将以上三步所获取的信息综合处理，可以用手工计算，也可以采用专门的计算机优化配方软件，优化形成配方，再结合生产工艺特性适当调整制作成生产用配方，用于配合饲料生产。

⑤配方质量评定。配合饲料配制出来以后，想弄清配制的饲粮质量情况必须取样进行化学分析，并将分析结果和预期值进行对比。如果所得结果在允许误差的范围内，说明达到饲料配制的目的。如果结果在这个范围以外，说明存在问题，问题可能是出在饲料原料成分变化、加工过程、取样混合或配方，也可能是出在实验室。为此，送往实验室的样品应保存好，供以后参考用。

配方产品的实际饲养效果是评价配制质量的最好尺度，条件较好的企业均以实际饲养效果、生产的畜产品品质作为配方质量的评价手段。随着社会的进步，配方产品安全性、环境和生态效应也将作为衡量配方质量的重要尺度。

（2）试差法计算饲料配方：试差法又叫凑数法，是将各种原料初步拟订一个大概比例，然后用各自的比例去乘该原料所含的各种养分的百分含量，再将各种原料的同种养分之积相加，计算出各种营养物质的总

肉鸭营养与饲料

量。将所得的结果与饲养标准进行对照，看它是否与
肉鸭饲养标准中规定的量相符。如果某种营养物质不
足或多余，可通过增加或减少相应的原料比例进行调
整和重新计算，反复多次，直到所有的营养指标都能
满足要求。这种方法简单易学，因而被广泛应用，是
目前小型企业普遍采用的方法之一。缺点是计算量大，
十分烦琐，盲目性较大，不易筛选出最佳配方，成本可
能较高。

举例：用玉米、豆粕、菜籽粕、大豆油、石粉、磷
酸氢钙、食盐、微量元素及维生素预混料，配制北京鸭
6~7周龄的日粮。

首先，查营养标准：从 NYT2122-2012 营养标准
中查得6~7周龄北京鸭的养分需要量，并确定所配配
方的营养指标（表6-1）。

表6-1　　6~7周龄北京鸭的养分需要量

代谢能 /（MJ/kg）	粗蛋白质 /%	钙 /%	磷 /%	赖氨酸 /%
12.33	16.0	0.80	0.55	0.6

其次，列出各种原料的营养价值表：查饲料价值
表或根据实际测定，得出所用各种原料的营养成分
（表6-2）。

表6-2　　　　所用各种原料的营养成分表

项目	代谢能 /（MJ/kg）	粗蛋白质 /%	钙 /%	磷 /%	赖氨酸 /%
玉米	13.46	7.8	0.02	0.27	0.23
豆粕	9.99	44.2	0.33	0.62	2.68
菜籽粕	7.40	38.6	0.65	1.02	1.3
大豆油	34.98	—	—	—	—
石粉	—	—	35.84	—	—
磷酸氢钙	—	—	23.29	18	—

　　然后，按照代谢能和粗蛋白质的需要量，根据饲料配方实践经验和营养原理，初拟配方中各原料的比例。

　　肉鸭饲料中各类原料的比例一般为：能量饲料60%～75%，蛋白质饲料15%～30%，矿物质与预混料共4%左右，其中维生素和微量元素预混料一般为1%。按照蛋白质原料占饲料25%估计，豆粕的用量暂定为14%，菜籽粕的用量暂定为11%。根据经验，食盐按0.3%，维生素和微量元素预混料按1%，石粉按1.2%，磷酸氢钙按0.8%，因为大鸭阶段代谢能值比较高，补加大豆油2%，能量饲料如玉米按69.7%（表6-3）。

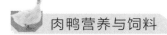 肉鸭营养与饲料

表6-3 初步拟订的日粮配方

日粮组成	日粮配比	营养指标	营养水平	与标准的差异
玉米 /%	69.7	鸡代谢能 /（MJ/kg）	12.20	−0.03
豆粕 /%	14	粗蛋白质 /%	15.87	−0.13
菜籽粕 /%	11	钙 /%	0.75	−0.05
大豆油 /%	2	磷 /%	0.53	−0.02
石粉 /%	1.2	赖氨酸 /%	0.69	+0.09
磷酸氢钙 /%	0.8			
食盐 /%	0.3			
预混料 /%	1			

　　表6-3中，拟订配方营养指标与营养标准之间存在一定差异，需要调平。能量可由少量豆油补充，蛋白质由少量豆粕补充，钙由少量石粉和磷酸氢钙补充，磷由少量磷酸氢钙补充。标准中赖氨酸偏低，考虑到在实际生产中高赖氨酸可促进蛋白质的生成，而且国产菜籽粕含毒素高，不适宜加太多，最好使用双低菜籽粕，因此，赖氨酸不再做特意调整。重新计算各种营养成分的浓度（表6-4）。

表6-4　　第一次调整后的日粮组成与营养成分

日粮组成	日粮配比	营养指标	营养水平	与标准的差异
玉米 /%	68.9	鸡代谢能 /（MJ/kg）	12.33	0
豆粕 /%	14.2	粗蛋白质 /%	15.9	−0.1
菜籽粕 /%	11	钙 /%	0.81	+0.1
大豆油 /%	2.4	磷 /%	0.55	0
石粉 /%	1.3	赖氨酸 /%	0.68	+0.08
磷酸氢钙 /%	0.9			
食盐 /%	0.3			
预混料 /%	1			

表6-4中，蛋白质少0.1%，微量调整菜籽粕；钙多0.1%，减少适量石粉。第二次调整配方和营养浓度（表6-5）。

表6-5　　第二次调整后的日粮组成与营养成分

日粮组成	日粮配比	营养指标	营养水平	与标准的差异
玉米 /%	68.63	鸡代谢能 /（MJ/kg）	12.33	0
豆粕 /%	14.2	粗蛋白质 /%	16.0	0
菜籽粕 /%	11.3	钙 /%	0.80	0
大豆油 /%	2.4	磷 /%	0.55	0

肉鸭营养与饲料

续表

日粮组成	日粮配比	营养指标	营养水平	与标准的差异
石粉 /%	1.27	赖氨酸 /%	0.69	+0.09
磷酸氢钙 /%	0.9			
食盐 /%	0.3			
预混料 /%	1			

从表6-5可见，鸡代谢能、粗蛋白质、钙和磷已经满足需要。原料中所含赖氨酸略高，会对蛋白质合成有促进效果，但需要注意氨基酸平衡。

从以上步骤可以看出，试差法计算需要一定的配方经验，不一定两次就能得到符合标准的答案，有时候需要多次反复计算才能完成。如果遇到氨基酸不足的情况，可以用合成氨基酸补充。

（3）饲料配方软件系统设计配方的步骤：各类饲料配方优化设计软件的基本原理或配方过程相似。配方软件法具体步骤如下：

①选择相应饲养标准或产品标准设定营养指标。设定代谢能、粗蛋白质、水分、粗脂肪、粗纤维、粗灰分、钙、磷、总氨基酸、可消化氨基酸、脂肪酸等营养指标。

170

②完善原料数据库和营养指标。根据原料营养价值表，可设定多种原料的营养指标值。其中粗蛋白质、水分、粗脂肪、粗纤维、粗灰分、钙、磷、各种氨基酸、脂肪酸含量可以通过实际测量获得，代谢能、可消化氨基酸可通过查看原料营养价值表或者根据配方软件进行计算获得。

③优化运算、制作配方。在制作单个配方时，一般使用单配方系统。首先，录入各种原料价格。其次，选择所需的营养指标并设定限值，保证配方的氨基酸平衡尤其是可消化氨基酸平衡、离子平衡（DEB平衡）等，然后选择多种原料并设定原料的使用范围，配方软件会自动优化，再根据个人经验适当调整配方，即可配制出优化配方。可以查看优化的成本，为销售部门提供价格参考。

配制好的配方生产出配合饲料后，即可饲喂肉鸭，有条件的可先行试验，根据试验结果调整配方。不同的饲喂环境、投料习惯、饮水条件等都会对饲料效果产生影响，原料结构不同也会影响饲料效果，可以根据大数据综合饲料效果进行配方微调。

使用配方软件的多配方系统可以对所有配方实行综合评估。多配方系统常用于评估原料使用价值，即

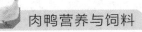

影子价格。影子价格可以评价某种原料的成本优势、在某一价格的使用量以及在哪个价格呈现拐点，为采购原料提供重要依据。

有些原料中存在抗营养因子，配方中需要有应对措施。比如大麦中含有 β- 葡聚糖，小麦含有木聚糖，如果使用了大麦或小麦，配方中需要添加葡聚糖酶或木聚糖酶来减轻肠道消化的压力。如果鸭料中毒素含量略高，可以使用霉菌毒素吸附剂或霉解剂。

（三）配合饲料生产与工艺

配合饲料的生产是在配方设计的基础上，按照一定的生产工艺流程生产出来。配合饲料加工工艺因产品形状、设备类型、生产规模以及使用方式等不同，加工能力和工艺组成有所差别。但不管什么类型，配合饲料基本加工工艺都包括原料的接受和清理、粉碎、配料、混合、后处理（调制、膨化、制粒、干燥、过筛）、包装、运输、贮存等环节。

配合饲料生产工艺见图 6-1。

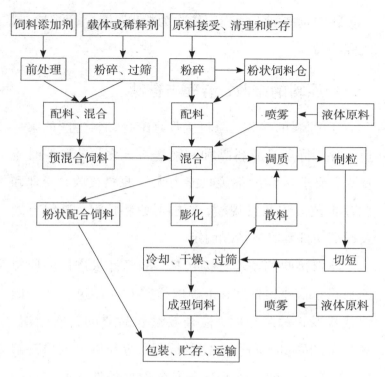

图6-1 配合饲料加工工艺示意图

饲料加工调制的目的，是改善可食性、适口性，提高消化吸收率，减少饲料的损耗，便于储藏和运输。

饲料加工主要有两种饲料形态：一是粉料，二是颗粒料。颗粒料具有颗粒硬、含粉少、饲料浪费少、不容易变质、运输和使用方便等优点，结合肉鸭生理特点，市场普遍使用肉鸭颗粒饲料。

颗粒饲料加工的程序依次为粉碎、混合、调质、制粒和冷却。

1. 原料的接收、清理与存储

（1）原料的接收：原料接收是配合饲料生产的第一道工序，特点是原料品种和输送方式多，进料瞬时流量大，要求接收设备接收能力大。原料接收、清理和贮存工艺流程及其规模，要根据原料情况、进料方式及投资条件等具体情况而定。

原料接收的基本任务包括：准确计量进厂的原料的数量、品种和日期；正确取样并对样品进行初步的快速检验；对照合同，检查数量和品质的符合情况。对数量和质量不符合规定的原料，应与供货商协商解决，或提出索赔；对不符合安全贮存条件的原料进行必要的贮前处理；及时而准确地将符合规格的原料入库贮存。

配合饲料原料种类很多，生产的成品种类也很多，有粒状、粉状、液体和微粒。按原料和产品的性质可分为以下几类：

①需要进一步加工的组分。占 70%～80%，如谷物、油籽、饼粕类等粒状和块状原料。

②各种谷物和动物加工副产品。如麦麸、米糠、血粉、肉骨粉等，占总接收量的20%～30%。

③重的物料。各种矿物质原料，如石粉、磷酸氢钙、食盐等。

④液体饲料。如油脂、液体蛋氨酸、液体维生素、液体酶制剂、液体微生态制剂等。

⑤药物和微量组分。微量元素、维生素、非营养性添加剂等。

⑥其他物料。如包装袋、零星用品等。

（2）原料的清理：清理是用筛选、风选、磁选或其他方法去除原料中所含杂质的过程。配合饲料厂需要清理的饲料原料主要是植物性饲料，如饲料谷物、农产品加工副产品等。所用谷物及饼粕类饲料常含泥土、金属等杂质需要清理出来，一方面保证成品的含杂量不过量，另一方面保证加工设备的安全运作、减少设备磨损及改善工作环境。液体饲料原料只需要过滤即可。

饲料厂的原料清理流程主要有计量、筛选、磁选等工序，分进仓前的清理和进仓后的清理。

①进仓前的清理。进仓前清理主要在白天进行，一般是提升设备和清理设备配置较大。特点是进入仓

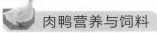

内的原料比较干净，杂质少，有利于贮存，也有利于出仓。

②进仓后的清理。由卸料坑进料，经提升机到刮板输送机进入立筒仓。生产时，原料经出仓螺旋输送机到提升机进入振动筛、磁选机进行清理。这种工艺由于清理工序在进仓后，因此清理设备的规格可以和主车间结合起来，不需要过大。清理设备的布置也可以和主车间结合，省去了工作塔。但该工序没有称重设备，不利于生产管理，同时毛粮进入立筒仓，杂质多，不利于贮存。

（3）原料的存储：各种原料应根据不同的特性采取不同的保管和贮藏措施。首先应检验原料的水分、含杂、发芽等情况，实行按不同等级质量的分级存放。还应配备通风条件或倒仓设施，有条件的可配备烘干与制冷设备。

油料饼粕有片状、粉状、团状等，大小不均，散落性差，有的静止角可达90°。包装时，包堆要低些，留有一定的走道，勤检查，发现问题及时处理，以防变质。由于饼粕内含有一定的油分，在含油高、水分低的情况下容易局部自热，严重的可发生自燃，故应加强管理，掌握温度变化情况。

鱼粉等动物性蛋白质原料,含蛋白质量高,还含有盐分,容易吸湿,应尽量防止吸湿及腐败变质,以包装存放为宜。放在仓内的应尽快用完,以免堵塞出口不能卸料。

石粉、骨粉、盐等矿物质原料应包装存放,保持干燥,防止潮解。

其他粉料或液体添加剂应采用包装或瓶装。

维生素的稳定性受贮存条件、微量元素、载体的影响较大,容易失效,故应单独存放。

预混料中活性成分受载体等影响大,应控制在生产后1个月内用完。并要求低温贮藏,仓库温度不超过30℃。仓库的墙、顶应有隔热措施,通风、避光等。

库存管理也是一项重要工作。首先,应对入库原料的到货日期、数量及存放地位置逐一登记,在同一库房存放不同品种原料时,应分品质堆放,并设明显标记;其次,对出库的原料数量也应登记,出库时应按先进先出的原则出库,结合每天的产品饲料出厂量记录及定期的盘存检查,可以分析生产过程中原料耗损的原因,提出相应减少损耗的措施。

对于购入的混合饲料或微量添加剂,尤其是药物性添加剂,更应当在每班开始或结束时检查盘存。将

盘存量与配料记录核对，可以及时发现可能多加或漏加错误，防止产品质量出现大问题。

2. 原料的粉碎

粉碎包括切削、碾压、撞击、碾磨等作用，是饲料加工中必不可少的工序，耗费能量高，动力配备一般占全厂总动力的1/3或更多。粉碎机工作的优劣，粉碎效率的高低，关系到饲料的产量、质量、电耗和成本。粉碎的质量不仅影响产品的感官质量，还影响到饲料的内在品质及饲喂效果。影响粉碎过程的因素有很多，如粉碎颗粒的几何特性及其物理化学性质和结构力学性质，粉碎设备的几何参数和材质，粉碎过程的工艺参数以及产品粒度要求等。在饲料加工中，谷物原料的粉碎一般用锤片式粉碎机。

粉碎的主要作用在：一是提高饲料的饲用价值。粉碎过的谷物的外皮被撕裂，内部营养成分暴露，使其具有较好的适口性，畜禽更喜爱食用。粉碎后的饲料具有较大的表面积，从而便于消化酶的接触，促进消化吸收。二是粉碎对于饲料的混合、制粒、膨化加工工序也是必要的。粉碎的饲料易于混合成为均匀的粉体，保证产品的质量。在制粒工序中必须用较细的粉粒才能压制成坚实的颗粒。

一般饲料原料、大块油料饼粕等均需粉碎。粉碎饲料的粒度应根据饲喂动物种类、工艺要求、成本等因素决定。

饲料粉碎的工艺流程根据要求的粒度、饲料的品种等条件而定。按原料粉碎次数，可分为一次粉碎工艺和循环粉碎工艺或二次粉碎工艺。按与配料工序的组合形式可分为先配料后粉碎工艺与先粉碎后配料工艺。

一次粉碎工艺，是最简单、最常用、最原始的一种粉碎工艺，无论是单一原料，还是混合原料，均经一次粉碎后即可。按使用粉碎机的台数可分为单机粉碎和并列粉碎，小型饲料加工厂大多采用单机粉碎；中型饲料加工厂有用两台或两台以上粉碎机并列使用，缺点是粒度不均匀，电耗较高。

二次粉碎工艺，有三种工艺形式，即单一循环粉碎工艺、阶段粉碎工艺和组织粉碎工艺。单一循环二次粉碎工艺用一台粉碎机将物料粉碎后进行筛分，筛上物再回流到原来的粉碎机再次进行粉碎；阶段二次粉碎工艺是采用两台筛片不同的粉碎机，两粉碎机上各设一道分级筛，将物料先经第一道筛筛理，符合粒度要求的筛下物直接进入混合机，筛上物进入第一台

肉鸭营养与饲料

粉碎机，粉碎的物料再进入分级筛进行筛理；符合粒度要求的物料进入混合机，其余的筛上物进入第二台粉碎机粉碎，粉碎后进入混合机。组合二次粉碎工艺，是在两次粉碎中采用不同类型的粉碎机，第一次采用对辊式粉碎机，经分级筛筛理后，筛下物进入混合机，筛上物进入锤片式粉碎机进行第二次粉碎。

先配料后粉碎工艺，按饲料配方的设计先进行配料并进行混合，然后进入粉碎机进行粉碎。先粉碎后配料工艺，先将待粉料进行粉碎，分别进入配料仓，然后再进行配料和混合。

可根据饲料粉碎粒度指标，调整各种原料的粉碎细度，以达到粉碎要求。一般肉鸭配合饲料原料粉碎筛片的孔径为 1.5 mm 或 2.0 mm（表6-6）。

表6-6　　　　　　　　　鸭饲料粉碎粒度

饲料类型	粒度指标
生长鸭前期（0~8周龄）配合饲料（GB/T 5916-88）	全部通过6目筛, 12目筛筛上物不超过12%
生长鸭后期（9周龄以上）配合饲料（GB/T 8962-88）	全部通过4目筛, 8目筛筛上物不超过15%

3.配料及混合

（1）配料：配料是指根据饲料配方的要求，对多种饲料原料用量进行称量的过程。配料是配合饲料生产的关键环节，是实现配方目标的重要工序。配料秤的精度、灵敏度、稳定性和性能直接影响到配料的正确性和质量。

常用的配料工艺流程有人工添加配料、容积式配料、一仓一秤配料、多仓一秤配料、多仓数秤配料等。

①人工添加配料。人工控制添加配料用于小型饲料加工厂和饲料加工车间。这种配料工艺是将参加配料的各种组分由人工称量，然后将称量过的物料倾倒入混合机中。因为全部采用人工计量、人工配料，工艺极为简单，设备投资少、产品成本降低、计量灵活。

②容积式配料。每只配料仓下面配置一台容积式配料器。

③一仓一秤配料。每个配料仓各自一台配料秤，配料秤的规格视原料特性、用量要求、生产规模而定。给料、称量、卸料各自单独完成，有利于缩短配料周期、减少配料误差。

④多仓一秤配料。所有饲料原料共用一台配料秤，

由自动控制系统协调进料、称量、换料和卸料等过程，缺点是配料周期长、配料过程稳定性较差。

⑤多仓数秤配料。将所计量的物料按照物理特性或称量范围分组，每组配上相应的配料秤。适应于大型饲料厂和预混料生产，配料周期缩短、配料精度和稳定性增加。

（2）混合：混合是将配料工序配好的物料进行均匀混合的过程。有两种混合工序：一种是预混合，即预混料的生产过程，根据配方将各种微量元素、氨基酸、维生素、非营养性添加剂等，与载体和稀释剂预先混合在一起的过程；另一道工序是最终混合，即粉状配合饲料的混合过程，此道工序可以根据配方要求定量加入油脂、液体蛋氨酸等液体原料（混合过程喷雾加入），分为分批混合和连续混合两种。

①分批混合。就是将各种混合组分根据配方的比例混合在一起，并将它们送入周期性工作的"批量混合机"分批地进行混合。这种混合方式改换配方比较方便，每批之间的相互混杂较少，是目前普遍应用的一种混合工艺，由于启闭操作比较频繁，大多采用自动程序控制。

②连续混合。将各种饲料组分同时分别地连续计

量，并按比例配合成一股含有各种组分的料流，当这股料流进入连续混合机后，则连续混合而成一股均匀的料流。这种工艺的优点是可以连续进行，容易与粉碎及制粒等连续操作的工序相衔接，生产时不需要频繁地操作。但是在换配方时，流量的调节比较麻烦而且在连续输送和连续混合设备中的物料残留较多，所以两批饲料之间的互混问题比较严重。

混合完后粉状配合饲料根据产品要求进入后道工序，可以直接进入包装工序（如生长肥育猪和蛋鸡配合饲料）。为改善配合饲料质量和外观特性，可以对粉状配合饲料进行制粒或膨化处理。

混合工艺是饲料生产中一个重要工序。混合的目的是根据配方的要求将饲料组分均匀混合，达到饲料组分配合的最佳效果，为生产合格产品提供保证。所谓混合过程，就是在外力作用下，各种物料相互混合，使物料中各种组分占有的比例相一致的过程。评价混合机效率的主要指标是混合机的混合时间和混合均匀度（CV），并非混合时间越长越好，混合时间越长反而使物料分离，对于配合饲料要求 CV < 10%。

混合机的种类有卧式螺旋带式双轴/单轴混合机、卧式桨叶式双轴/单轴混合机、立式锥形行星式双/单螺旋绞龙混合机、立式锥形直绞龙式双 / 单轴混合机等。根据自身生产特点，要选择混合速度快，混合均匀度高，卸料速度快，防止细微原料泄露，适合液体原料添加，操作维修方便和耗电少的机型。

4. 制粒或膨化

根据配合饲料的质量和饲养实践要求，混合好的粉状配合饲料需要进行制粒或膨化。颗粒或膨化饲料具有营养均匀全面、易消化吸收、不挑食、适口性好、不黏嘴、不分级、便于贮存和运输等优点。

（1）制粒工序：制粒是利用机械将粉状配合饲料经（或不经）调质后挤出压模模孔制成颗粒状饲料的过程。制粒工序分调质、制粒、冷却、破碎、筛分等环节。

①调质。调质是指在调制器中对饲料粉料添加蒸汽、水分，同时进行搅拌混合，进行高温、高湿、机械综合处理的过程。调质的目的是通过高温的蒸汽与物料相互作用后，促进饲料中淀粉的糊化、蛋白质的改性，提高颗粒的质量和饲料的消化率。调质是饲料加工的重要步骤，也是制粒的前提。

一般普通畜禽饲料厂可选择单轴桨叶式调质器。供料调质器包含三种，一是供料器，主要功能是向调质器均匀供料。二是调质器，主要功能是对物料进行蒸汽调质，使物料充分吸收水分和热量，以改变物料结构。三是保时器，主要功能是延长物料接触蒸汽的时间，达到充分交互。在保持调质器和保时器温度时，往往会用到热甲。热甲是一个保温层，可防止热量散失，提高蒸汽调质的效率。因保时器的延长作用，蒸汽调质时间可以达到 30 ~ 60 s。

肉鸭配合饲料的蒸汽调质温度最好达到 85℃以上。因为淀粉在 60℃开始糊化，到 85℃时可以更充分地糊化。高温也有利于蛋白质改性，有利于霉菌和细菌的杀灭。颗粒被挤出环模是一个高温挤压的过程，可瞬间吸收热量，并促进淀粉进一步糊化，一般肉鸭成品料的淀粉糊化度在 20% 左右。

②制粒。饲料制粒是指将粉状饲料经过水、热调质并通过机械压缩且强制通过模孔而聚合成型的过程。将成型的颗粒料加工成小颗粒的过程称为破碎。制粒的目的是避免动物挑食，减少饲料浪费，饲料利用率高，运输费用低，流动性好等。

制粒可以采用环模或平模进行挤压制粒。

环模制粒：调质均匀的物料通过磁铁去杂后被均匀地分布在压辊和压模之间，物料由供料区、压紧区进入挤压区，被压辊钳入模孔连续挤压开分，形成柱状的饲料，随着压模回转，被固定在压模外面的切刀切成颗粒状饲料。制粒的效果受喂料速度、蒸汽质量、环模参数等影响。环模的孔形和厚度对制粒的质量和效率有着密切的影响。压缩比是模孔的进口面积和模孔面积的比值，此比值仅表示物料进入压缩室后如何有效压缩物料的一个指示值。制作鸭料的环模压缩比在 10 ~ 18 之间，根据不同原料种类和原料组成，选择合适的环模压缩比。

平模制粒：混合后的物料进入制粒系统，位于压粒系统上部的旋转分料器均匀地把物料撒布于压模表面，然后由旋转的压辊将物料压入模孔并从底部压出，经模孔出来的棒状饲料由切辊切成需求的长度。

当饲料配方中油脂用量超过 3% 时，为了不影响配合饲料颗粒质量和硬度，可采用制粒后喷涂工艺。某些液体活性添加剂（如液体酶制剂、液体维生素等）也在配合饲料颗粒形成后通过喷雾形式喷在颗粒的表面，以降低由于高温对活性成分的破坏。

颗粒质量的评价指标包括颗粒直径、颗粒长度、颗粒硬度、粉化率（PDI）等。5 日龄以内的幼鸭最好采食破碎料，小鸭阶段可采食直径为 2.0 ~ 2.5 mm 的颗粒料，大鸭阶段可采食直径为 3.5~4.5 mm 的颗粒料。颗粒长度一般为颗粒直径的 2~3 倍。颗粒硬度可由硬度仪测出，因颗粒硬度变异比较大，一般需要测 20 粒颗粒并求其平均值。颗粒硬度最好在 3 kg 以上。粉化率指颗粒在规定条件下产生的粉末占总重量的百分比。一般用回转箱法测定，饲料颗粒在回转箱内转动 10 min，称量剩余完整颗粒占总质量的百分比，肉鸭配合饲料的 PDI 一般在 95% 以上。国外有使用风力产生粉末测定粉化率的方法，受风力大小和风力作用时间的差异，与回转箱法测得结果有所不同。

③冷却。颗粒饲料刚从制粒机出来时，含水量达 16%~18%，温度高达 75~90℃，这使颗粒饲料容易变形破碎，贮藏时也会产生黏结和霉变现象，必须使水分降至 14% 以下，温度降低至比气温高 8℃ 以下，故需要冷却。通过冷却器后，颗粒变硬，水分被抽走。冷却时间一般通过冷却箱上的料位器设定，冷却后的料温不高于室温 5℃ 即可，冷却后的颗粒水分在 10%~13%。

冷却对颗粒饲料的储藏起至关重要的作用。如果冷却温度不够，颗粒内部会发热，导致水分分布不均，最终结块发霉。如果冷却不均匀，热的、水分含量高

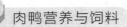

的颗粒掺杂在正常颗粒中,饲料也容易发霉变质。

④破碎。在颗料机的生产过程中为了节省电力,增加产量,提高质量,往往将物料先制成一定大小的颗粒,然后再根据畜禽饲用时的粒度用破碎机破碎成合格的产品。

⑤筛分。颗粒饲料经粉碎工艺处理后,会产生一部分粉末凝块等不符合要求的物料,因此破碎后的颗粒饲料需要筛分成颗粒整齐、大小均匀的产品。

(2)膨化工艺:在饲料原料(谷物、大豆等)深加工处理、生产水产动物配合饲料、宠物饲料或高质量的畜禽配合饲料时多采用挤压膨化技术。挤压膨化即将饲料螺杆推进、增压、增温处理后挤出模孔,使其骤然降压膨化,制成特定膨化料的过程。

膨化配合饲料时将饲料输入膨化机的调质器中,调质至水分25%~30%,进入挤压机进行挤压膨化处理。

膨化饲料与普通颗粒饲料相比,具有适口性更好、消化率更高、外形多样等特点。

5. 包装与贮存

冷却后的肉鸭颗粒料储存在成品桶仓,在进行包装的同时要放置标签，再封口。有的厂家使用自动包装线，标签信息印刷在包装袋上，生产日期则通过喷涂完成，实现包装自动化，节省人工。

配合饲料称量包装是配合饲料生产工艺流程中最后一个工序，它包括饲料产品的称重、装袋、缝口、贴标签和运送。小型饲料厂多采用人工包装，中大型饲料厂主要采用成套机械包装设备，包装机械由自动定量秤、夹袋机构、缠袋装置和输送装置等组成。包装时不同产品包装袋和标签有所差别，注意不要混淆使用。

6. 预混合饲料生产工艺

对于用量低的各种饲料添加剂，由于其不容易均匀混合在配合饲料中，往往先通过预混的形式生产成预混合饲料，然后通过预混合饲料添加到配合饲料中。工厂化生产的预混合饲料用量在 0.5% ~ 6%。大于 2% 用量的预混合饲料还包括部分矿物质饲料、氨基酸、固体颗粒脂肪等。

预混合饲料原料品种多、成分复杂、用量差别大，理化性质也差异很大。因此，预混合饲料加工要求做到配料准确、混合均匀、包装严格、设备耐用、污染小等。预混料基本生产工艺流程见图 6-2。

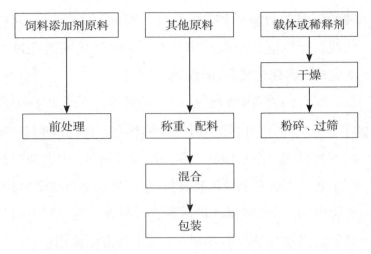

图6-2　预混合饲料基本生产工艺示意图

（四）各阶段肉鸭配合饲料的特点

1.肉鸭配合饲料中营养供应特点

（1）能量供应：能量是肉鸭维持及生长所需量最大的营养物质，肉鸭能根据日粮能量水平而自动调节采食量。肉鸭饲料成分中，主要有以下三种能源：碳水化合物、脂肪和蛋白质。淀粉是最大量的可消化能源，纤维素、半纤维素和木质素中所含的能量却不能被鸭完全利用，消化吸收率比不上淀粉，因为鸭本身不能合成纤维素酶，不能裂解葡萄糖之间的化学键。肉鸭在营养上唯一必需的脂肪酸为亚油酸，其他所有脂类的重要性主要是作为能量来源及脂溶性维生素的溶剂，脂肪的能值很高，是淀粉的 2.25 倍，在代谢能和蛋白质维持相等水平的条件下，饲料利用率随日粮中添加脂肪水平的增加而直线提高。对肉鸭来说，日粮能量水平是决定采食量的最重要因素。相对其他家禽而言，肉鸭能适应更宽的日粮能量浓度范围，北京鸭为 10.03 ~ 13.38 MJ/kg，土番鸭 10.87 ~ 12.75 MJ/kg；肉鸭对低能日粮的接受能力更强，但饲喂低能日粮鸭的饲料转化率明显降低。因此，在配制肉鸭日粮和确定养分需要量时，应注意随日粮能量浓度的变化而作相应的调整以保证各养分的需要量。

（2）蛋白质和氨基酸供应：肉鸭对蛋白质的需要实际上是对组成蛋白质的各种氨基酸的需要，也就是对必需氨基酸和非必需氨基酸的需要。由于肉鸭品种、饲养方式、环境条件不同，加之肉鸭又具有较强的生长补偿能力，因此，在设计肉鸭饲粮中蛋白质水平时必须根据不同品种肉鸭特点及饲粮中的能量水平，设计合理的蛋白质水平。

肉鸭所需要的蛋白质主要用于维持和体蛋白的沉积，蛋白质的需要主要取决于肉鸭的生长速度及其对蛋白质沉积能力和蛋白质的利用效率；另外，肉鸭的羽毛生长也是影响蛋白质需要量的重要因素。若日粮中组成蛋白质的氨基酸模式与肉鸭生长所需的模式相吻合，则肉鸭可以最大限度地利用日粮中的蛋白质，从而适当降低日粮的蛋白质浓度。因此，为了获得最大增重和最佳饲料报酬，推荐 1～2 周龄肉仔鸭的粗蛋白质需要量为 17%～20%，2～7 周龄肉鸭的粗蛋白质需要量为 14%～16%。

常规的蛋白质原料如豆粕、菜籽粕、棉籽粕等均是肉鸭较好的蛋白质来源，但在目前蛋白原料价格上涨的环境下，这些蛋白原料的使用量受到了严格的限制，可选择补充适量的商品氨基酸来满足肉鸭对氨基酸的需要，同时节约饲料成本。1～2 周龄肉仔鸭可消化赖氨酸需要量为 0.8%～1.1%，蛋氨酸及含硫氨基酸需要量分别为 0.3%～0.45% 和 0.6%～0.8%；2～7 周龄肉鸭可消化赖氨酸需要量为 0.7%～0.9%，蛋氨酸及含硫氨基酸需要量分别为 0.3%～0.45% 和 0.5%～0.7%。色氨酸在肉鸭的日粮中也是相对较缺乏的氨基酸，值得引起重视，为获得肉鸭最佳生长性能和饲料转化率，肉鸭可消化色氨酸需要量应在 0.12%～0.18%。

（3）矿物质供应：鸭对矿物质的需要主要包括钙、

磷、钠、氯、镁、锰、锌和硒等，这些矿物元素在实际
日粮中比较容易缺乏。肉鸭对某一无机元素的需要量
取决于它的维持需要量、该元素在生长期内的沉积量
和该元素在体内的利用率。饲料中的钙、磷常常不能
满足鸭体的需要，特别是育肥鸭，因此在饲料中补充
钙源、磷源如骨粉、石灰石粉、磷酸氢钙等是必要的。
钙、磷之间的比例也影响肉鸭的吸收利用，1~2周龄
小鸭配合饲料中钙、磷比例以 1.5:1.0 为宜，3~7周龄
以 1.5:1.0~2:1 为宜。钠和氯是保持渗透压及鸭体内
运输水分的重要成分，主要存在于软组织中，生产中
常用食盐来补充，一般占日粮的 0.25%~0.4%，不宜
过多。有关肉鸭对镁、锰、锌和硒等微量元素需要量
的研究报道比较少，但这些微量元素在营养上对鸭体
都具有重要作用，如发现微量元素缺乏症时，要及时
补充。

（4）维生素添加：肉鸭对维生素的需要包括维生
素 D、核黄素、泛酸、吡哆醇、叶酸和维生素 B_{12}、硫胺
素、维生素 A 以及烟酸、维生素 K、胆碱等，在饲料中
适量添加一定比例的鸭专用维生素预混料一般可以满
足肉鸭对各种维生素的需要。肉鸭对烟酸的需要量较
大，缺乏容易发生腿病。

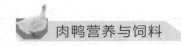

2. 小鸭料配合饲料特点

开食后的 2 周龄内为幼雏期，此期生长十分迅速，体重急速增加，所以对蛋白质、能量、维生素和矿物质的需求量都很大。以后生长相对缓慢，生长曲线呈"S"形。一直到 20 周龄，生长主要是体容积变大，即主要是脏器、肌肉、骨骼的增长。多数内脏器官和体重，伴随成长同样呈"S"形曲线增大。但生殖和淋巴器官呈现特异成长。

初生雏体温调节中枢发育不成熟，出壳后体温就下降到 39.5℃，极易受到外界影响，必须给温。随着雏的成长，产热渐渐增多，到 14 日龄体温调节中枢趋于成熟，体温稳定在 41~42℃ 范围。此时与代谢和产热有关的甲状腺素分泌也达到峰值，以后稍有减少；肝脏也由黄色变为赤色，血量增加；蛋白质、碳水化合物的代谢系统也在雏期终了时发育成熟，肠道吸收功能也随之增加。

出壳时肠内菌丛为"零"，随着饲料的摄取增加，7 日龄左右整个小肠有益的乳酸菌发育为优势菌群，9 日龄肠道菌丛呈现平衡。盲肠内菌丛到 25 日龄左右才趋于稳定。肠内菌丛在维生素合成、抵抗病原微生物感染、促进消化吸收等方面起着重要作用。

小鸭料配方的设计除了能量、粗蛋白质和油脂达到要求外，最主要的理念是无抗、绿色健康和较高的消化吸收性，需要考虑益生素益生元、酸化剂、中草药或植物提取物等绿色添加剂。

3. 大鸭料配合饲料特点

随着市场竞争的日益严峻，大鸭料除了能达到客户要求的生产性能之外，最主要的对非常规原料的大胆使用，例如木薯片、木薯渣、大麦、高粱、葵花仁粕、豌豆等非常规饲料原料，这些原料的科学使用离不开复合酶制剂的合理搭配，包括复合型蛋白酶制剂、淀粉酶制剂、脂肪酶制剂。

4. 肉鸭配合饲料质量标准

肉鸭配合饲料质量标准参照中国商业行业标准SB/T 10262–1996中关于生长鸭、肉用仔鸭配合饲料。

感官要求色泽一致，无发酵霉变、结块及异味异臭。水分要求：北方不高于14.0%，南方要求不高于12.5%。加工质量方面要求，肉用仔鸭前期配合饲料、生长鸭（前期）配合饲料99%通过2.80 mm编制筛，但不得有整粒谷物，1.40 mm 编制筛上物不得大于 15%。肉用仔鸭中后期配合饲料、生长鸭（中、后期）配合饲料 99% 通过 3.35 mm 编制筛，但不得有整粒谷物，1.70 mm 编制筛上物不得大于 15%。配合饲料混合均匀，变异系数应不大于 10%。配合饲料的营养成分见表 6-7。

表 6-7　　　　配合饲料的营养成分指标

产品名称	适用饲喂期	指标项目							
		粗脂肪（%）≥	粗蛋白质（%）≥	粗纤维（%）≥	粗灰分（%）≥	钙（%）≥	磷（%）≥	食盐（%）≥	代谢能（MJ/Kg）≥
生长鸭配合饲料	前期	2.5	18.0	6.0	8.0	0.8~1.5	0.6	0.3~0.8	11.51
	中期	2.5	16.0	6.0	9.0	0.8~1.5	0.6	0.3~0.8	11.51
	后期	2.5	13.0	7.0	10.0	0.8~1.5	0.6	0.3~0.8	10.88
肉用仔鸭配合饲料	前期	2.5	19.0	6.0	8.0	0.8~1.5	0.6	0.3~0.8	11.72
	中期	2.5	16.5	6.0	9.0	0.8~1.5	0.6	0.3~0.8	11.72
	后期	2.5	14.0	7.0	10.0	0.8~1.5	0.6	0.3~0.8	11.09

5. 肉鸭配合饲料的配方应用举例

（1）小鸭料：肉鸭品种育雏阶段，依据各地条件和饲养习惯不同，育雏饲养日龄有的在 1~14 日龄，有的在 1~21 日龄，也有的是 1~28 日龄，一般种鸭场时间长些。不管育雏时间多长,不同品种的小鸭饲喂的育雏配合饲料基本相同,饲料原料组成与营养水平相近。生产实践中北京型鸭(北京鸭、樱桃谷白鸭、枫叶鸭)、番鸭和半番鸭、麻鸭与黑鸭、各种杂交鸭等都用相同的育雏料,颗粒大小稍有差异。小鸭配合料的配方组成举例见表6-8。

表6-8 小鸭配合饲料配方举例

原料名称	百分比	营养水平	
二级玉米	63.5	代谢能(MJ/kg)	12.12
46%豆粕	22.2	粗蛋白(%)	19
50%发酵豆粕	4.0	总钙(%)	0.85
麸皮	2.3	有效磷(%)	0.35
低筋面粉	1.5	可消化赖氨酸(%)	1.2
次粉	1.5	可消化蛋氨酸+胱氨酸(%)	0.75
磷酸氢钙	1.3		
细石粉	1.2		
豆油	0.5		
预混料	2.0		
合计	100		

(2)中鸭料:育雏结束后,进入第二阶段饲养(生长肉鸭中期饲养),中鸭饲养时间长短,不同品种差异较大,相同品种不同养鸭企业和养殖户之间饲养时间也有差异,但是使用的配合饲料营养组成基本相同,

采食量依据不同养殖户可以适当调整。北京型肉鸭中鸭阶段配合饲料配方示例见表6-9。

表6-9 北京型肉鸭中鸭料饲料配方组成与营养水平举例

原料名称	百分比	营养水平	
二级玉米	31.7	代谢能（MJ/kg）	11.91
36% 双低菜粕	20.3	粗蛋白（%）	17
11% 大麦（皮）	15.0	总钙（%）	0.85
高粱	10.0	有效磷（%）	0.33
米糠粕	6.4	可消化赖氨酸（%）	1.1
46% 豆粕	5.0	可消化蛋氨酸＋胱氨酸（%）	0.72
米糠（高油）	5.0		
豆油	2.6		
细石粉	1.2		
磷酸氢钙	0.8		
预混料	2.0		
合计	100		

注：生产时采用后喷油工艺。

（3）大鸭料：生长肉鸭后期饲养阶段，即上市屠宰前饲养阶段，不同品种肉鸭上市时间差异较大，北京型肉鸭在56日龄前上市，规模化集约化养殖可在35日龄或之前上市，传统放养多在42~56日龄上市。填鸭型肉鸭大鸭料另配制，以玉米为主。表6-10为北京型肉鸭大鸭料配方示例，表6-11为番鸭半番鸭大鸭料配方示例，表6-12为麻鸭和黑鸭大鸭料配方示例，这些配方适于中小养鸭户，现代规模化集约化养殖场不宜采用。

表6-10　北京型肉鸭大鸭料配方示例

原料名称	百分比	营养水平	
二级玉米	25.6	代谢能（MJ/kg）	11.70
36%双低菜粕	16.0	粗蛋白（%）	15.5
11%大麦（皮）	15.0	总钙（%）	0.85
米糠粕	12.0	有效磷（%）	0.33
高粱[进口]	10.0	可消化赖氨酸（%）	1
米糠（高油）	6.0	可消化蛋氨酸+胱氨酸（%）	0.7
麸皮	4.6		
豆油	3.5		
46%豆粕	3.0		
细石粉	1.5		
磷酸氢钙	0.8		
预混料	2.0		
合计	100		

注：生产时采用后喷油工艺。

表6-11　番鸭大鸭料配方示例

原料名称	百分比	营养水平	
二级玉米	40.2	代谢能（MJ/kg）	11.58
36%双低菜粕	12.0	粗蛋白（%）	15.8
米糠粕	8.0	总钙（%）	0.85

原料名称	百分比	营养水平	
米糠（高油）	8.0	有效磷（%）	0.33
46% 豆粕	5.0	可消化赖氨酸（%）	0.9
高粱 [进口]	5.0	可消化蛋氨酸 + 胱氨酸（%）	0.65
11% 大麦（皮）	5.0		
麸皮	3.0		
粗统糠	3.0		
60% 玉米蛋白粉	3.0		
豆油	2.5		
细石粉	1.5		
膨润土	1.0		
磷酸氢钙	0.8		
预混料	2.0		
合计	100		

注：生产时采用后喷油工艺。

表7-12　　麻鸭、黑鸭大料配方示例

原料名称	百分比	营养水平	
玉米	31.6	代谢能（MJ/kg）	11.70
36% 国产菜粕	14.8	粗蛋白（%）	18.5
高粱 [进口]	12.0	总钙（%）	0.85
11% 大麦（皮）	12.0	有效磷（%）	0.33
米糠粕	12.0	可消化赖氨酸（%）	0.85
麸皮	4.4	可消化蛋氨酸 + 胱氨酸（%）	0.62
米糠（高油）	5.0		

原料名称	百分比	营养水平	
46% 国产豆粕	2.0		
豆油	2.0		
细石粉	1.4		
磷酸氢钙	0.8		
预混料	2.0		
合计	100		

注：生产时采用后喷油工艺。

（4）种鸭料：肉鸭种鸭产蛋期，各品种配方基本一致，种鸭场有的自配粉料，规模化种鸭场有的用商品料。表6-13给出了种鸭料参考配方。

表6-13　　　　　　种鸭料参考配方

原料名称	百分比	营养水平	
7.8% 玉米	57.7	代谢能（MJ/kg）	11.70
46% 国产豆粕	29.4	粗蛋白（%）	18.5
细石粉	7.6	总钙（%）	0.85
豆油	1.7	有效磷（%）	0.33
磷酸氢钙	1.0	可消化赖氨酸（%）	0.85
食盐	0.3	可消化蛋氨酸＋胱氨酸（%）	0.62
98% 小苏打	0.3		
预混料	2.0		
合计	100		

注：生产时采用后喷油工艺。

（5）案例：以养殖 42 日龄樱桃谷白鸭为例，小鸭料和大鸭料采用表 6-14 营养水平配料并应用于实际饲养，取得的效果见表 6-15。

表 6-14　　　　小鸭料与大鸭料营养水平

营养成分	小鸭	大鸭
代谢能（MJ/kg）	11.91	11.49
粗蛋白质（%）	19.0	16.0
钙（%）	0.7	0.65
有效磷（%）	0.45	0.4
可消化赖氨酸（%）	1.10	0.9
可消化蛋氨酸＋胱氨酸（%）	0.65	0.55

从综合效益看，5 周龄为最佳屠宰时间，此时毛鸭体重为 2.5 kg，料肉比为 2∶1。

表 6-15　　　　某鸭场饲养效果统计表

周龄	体重（g）	增重（g）	耗料（g）	累计耗料（g）	料肉比	累计料肉比
1	170	115	180	180	1.06∶1	1.06∶1
2	540	370	430	610	1.16∶1	1.13∶1
3	1 060	520	885	1 495	1.70∶1	1.41∶1
4	1 820	760	1 515	3 010	1.99∶1	1.65∶1
5	2 470	650	1 860	4 870	2.86∶1	1.97∶1
6	3 110	640	1 910	6 780	2.98∶1	2.18∶1
7	3 590	480	1 960	8 740	4.08∶1	2.43∶1